Gaston **MATHIEU**

LE
CHIEN CRIMINEL

Méthode

de

Dressage

pour

l'Exploration

et le

Pistage.

BRUXELLES

MAISON D'ÉDITION A. DE BOECK

265, Rue Royale, 265

—

1911

LE CHIEN CRIMINEL

Méthode de Dressage pour l'Exploration et le Pistage

Gaston Mathieu

Le Chien Criminel

Méthode de Dressage
pour l'Exploration et le Pistage

BRUXELLES

MAISON D'ÉDITION A. DE BOECK,

265, Rue Royale, 265

—

1911

PRÉFACE

Le présent ouvrage a pour but de guider les nombreux amateurs de pistage dans l'éducation de leurs chiens.

L'auteur s'est attaché à établir une méthode pratique de dressage, méthode pouvant facilement être suivie par le novice aussi bien que par le dresseur expérimenté possédant le grand avantage d'être applicable au dressage de **tous** les chiens **quel que soit leur caractère** et susceptible de donner tous les résultats désirés.

Nous avons voulu aussi, en publiant ce livre, propager l'idée de l'emploi du chien criminel, tel que nous le voyons déjà utiliser en Angleterre et surtout en Allemagne.

Nous espérons qu'il trouvera auprès de tous les kynologues et amateurs de dressage, le même accueil flatteur que celui obtenu par ses nombreux devanciers concernant le dressage des chiens policiers, de garde-chasse, de guerre, etc.

CHAPITRE PREMIER.

QUESTIONS ET RÉPONSES

1. Quelle différence existe-t-il entre le chien policier et le chien criminel ?

Le chien policier est l'auxiliaire à quatre pattes du policier en tournée de nuit.

Il est dressé à défendre son maître en cas d'agression ; à poursuivre et à arrêter un fuyard qu'il maintient jusqu'à l'arrivée de son maître ; à aider, à conduire et à empêcher de fuir les malfaiteurs que le policier se voit obligé de conduire au poste et, enfin, à explorer des yeux et du nez les endroits susceptibles de servir de cachettes aux malfaiteurs qu'il a alors à dévoiler par ses aboiements et à maintenir jusqu'à l'arrivée du policier.

En quelques mots, il est dressé à aider le policier dans tous les cas où les malfaiteurs sont surpris dans l'accomplissement de leurs méfaits.

Le chien criminel, au contraire, est plutôt l'auxiliaire du gendarme ; son éducation a pour but de lui faire découvrir les malfaiteurs inconnus ayant accompli un méfait, sans qu'on ait pu les prendre sur le fait, tels sont la plupart des crimes, grands vols, drames de braconnage et toute une foule de faits de moindre importance.

2. Comment le chien criminel arrive-t-il à découvrir les malfaiteurs inconnus, ayant commis un méfait ?

Il existe pour lui deux moyens : *le premier*, qui est le plus caractéristique, est de suivre la piste du malfaiteur dont on a découvert, par exemple : des traces de pas, un objet oublié, des traces d'escalade, etc., indices par lesquels le chien peut prendre l'odeur de la piste à suivre.

Par ce premier moyen, plusieurs cas peuvent se produire ; je n'énumérerai que les trois principaux, les autres en découlant logiquement :

1. Le chien suit la piste du malfaiteur jusqu'à lui et le dénonce par ses aboiements. C'est le plus parfait résultat que l'on puisse obtenir.

2. Le chien ne parvient pas à suivre la piste du malfaiteur jusqu'à lui, mais découvre sur la piste suivie des objets que le malfaiteur a eu intérêt à perdre ou à cacher, tels par exemple que l'arme du crime ; ou retrouve des objets lui appartenant, objets qu'il a perdus involontairement dans sa précipitation à fuir, et qui serviront à le confondre.

3. Le chien ne retrouve aucun objet et ne parvient pas jusqu'au malfaiteur, la piste trop vieille déjà, aboutissant à dés lieux trop fréquentés pour permettre au chien de travailler avec une certitude suffisante.

C'est le plus mauvais résultat obtenu dans cette catégorie et pourtant, la direction exacte de la fuite du malfaiteur, combinée avec l'heure approximative du méfait qui découle presque toujours de l'enquête judiciaire, peut être encore un indice des plus précieux.

Le second moyen qui peut, dans certains cas, être combiné avec le premier, consiste à faire explorer par le chien dans tous les sens, des endroits quelconques où l'on suppose pouvoir retrouver des objets, dont la découverte serait susceptible de hâter l'instruction, ou de fournir une nouvelle piste aux magistrats.

Ce moyen sera surtout employé dans le cas où le chien criminel sera amené sur les lieux plus de 48 heures après le méfait accompli, espace de temps que l'on considère comme le maximum pendant lequel une piste qu'on a laissée refroidir peut conserver encore assez d'odeur pour être perçue par le nez du chien, et encore ce laps de temps n'est-il possible que si la piste tracée par le malfaiteur en fuite l'a été sur bon sol, c'est-à-dire dans les bois, champs, campagnes, etc. Essayer de faire suivre une piste à un chien dans des rues fréquentées, après un si long espace de temps, serait naturellement une absurdité.

J'ai dit que dans certains cas l'on pouvait combiner les deux moyens ; en effet, le chien suit par exemple parfaitement une piste jusqu'à ce que celle-ci aboutisse à des endroits trop fréquentés pour pouvoir être perçue encore par le chien, il y aurait alors à essayer de le faire explorer, ce qui peut ainsi amener à de fort utiles découvertes ou à retomber sur la piste se poursuivant sur un sol plus favorable.

Je ferai remarquer dès maintenant au lecteur la nécessité absolue de faire comprendre au chien la différence bien nette entre *pister* et *explorer*.

Dans un autre ordre d'idées et par exploration, on peut également s'assurer si un objet découvert appartient oui ou non à une personne soupçonnée ou vice-versa si la personne soupçonnée et arrêtée est la propriétaire d'un objet découvert.

3. Le chien criminel doit-il connaître d'autres exercices que le pistage et l'exploration ?

Certainement pour le chien criminel, comme pour les autres chiens, qu'il s'agisse de chiens de chasse, de chiens de police, de garde-chasse, etc., il faut avant de commencer le dressage proprement dit, c'est-à-dire rendre l'animal propre aux services que l'on attend de lui, **commencer par l'avoir parfaitement en main,** c'est-à-dire qu'il soit convaincu qu'obéir est la seule chose qu'il ait à faire ; c'est ce que nous, dresseurs, nous appelons : la mise en main.

L'erreur générale est d'essayer le dressage de chiens qui ne sont pas suffisamment préparés.

4. Quand peut-on considérer qu'un chien est mis en main ?

Un chien peut être considéré comme mis en main, lorsqu'il comprend les signes désapprobateurs et approbateurs qui établissent une entente parfaite entre le dresseur et son élève et lorsqu'il connaît à la perfection les exercices suivants :

1. La suite aux pieds avec et sans laisse.

2. Aboyer au commandement.

3. Le coucher dans toutes ses phases (coucher au geste, à distance, le maître s'éloignant, etc.).

4. L'assis.

5. Le refus d'appâts.

6. Le rapport d'objets dont l'étude pour le chien

Fig. 1. — **Le rapport forcé.**

criminel doit être poussée à fond.

5. Suffit-il au chien d'être parfaitement mis en main et de savoir pister et explorer, pour faire un parfait chien criminel ?

En principe certainement, il restera à lui apprendre quelques détails ; par exemple : une fois le malfaiteur découvert en pistant ou en explorant, le dénoncer *invariablement* par ses aboiements.

Il doit aussi apprendre une série d'exercices pratiques, le préparant à tous les cas qui peuvent se présenter dans la pratique et qui permettront de mettre à profit ses qualités de pisteur et d'explorateur.

6. Le chien criminel, doit-il savoir franchir des obstacles ?

Absolument pas, étant donné que, si la piste suivie nous conduit devant un obstacle naturel qui a été franchi par le malfaiteur (cas très rare dans la réalité) nous devons le contourner et reprendre la piste exactement de l'autre côté de l'obstacle, car il ne faut pas oublier qu'en matière de pistage, rien ne presse, qu'au contraire le proverbe : *Qui va doucement, va longtemps*, trouverait ici fort bien sa place, car une piste froide d'un jour, comme cela arrive presque toujours dans la pratique, demande à être travaillée lentement, pas à pas par le chien et dans ce cas seulement un résultat peut être obtenu.

Je me permettrai de faire remarquer, en passant, que nous sommes loin du saut au galop des différents obstacles que le chien pourrait rencontrer sur la piste suivie.

7. Le chien criminel, peut-il en même temps être un chien policier ?

A mon avis, non ; surtout s'il s'agit de chiens de concours il faudrait dans tous les cas un sujet extrêmement doué, car il ne faut pas perdre de vue que l'étude du pistage est longue et laborieuse et extrêmement fatigante pour le chien ; de plus, qu'un entraînement continuel est nécessaire, et que ce n'est qu'après plusieurs années de pratique que l'on peut arriver à posséder un chien entièrement ferme et sûr pour ce travail.

Vouloir faire d'un chien, à la fois un chien policier et criminel est, à mon avis, fatalement compromettre l'un ou l'autre dressage, pour ne pas dire, fatalement les compromettre sérieusement tous les deux.

8. Quelle différence existe-t-il entre pister et explorer ?

Question intéressante s'il y en a une, et à laquelle peu de personnes répondent d'une façon bien nette.

Explorer, veut dire pour le chien, rechercher des objets ou des personnes en parcourant en tous sens le lieu qu'on lui fait explorer en s'aidant dans ses recherches de l'odorat, en éventant les objets ou les personnes à l'aide des émanations qui lui sont amenées par le vent, mais en ne suivant absolument pas les pistes qu'il pourrait rencontrer sur le terrain qu'il explore.

Pister veut dire au contraire, suivre une piste exactement et rapporter les objets qu'y trouve l'animal et dont l'odeur est conforme à la piste suivie, ou aboyer devant la personne à laquelle elle aboutit et dont l'odeur est conforme à la piste suivie.

Le lecteur saisira certainement à présent la différence énorme existant entre ces deux exercices, puisque tout en ayant tous les deux le même but : retrouver des objets ou découvrir des personnes, ils s'exécutent par des moyens diamétralement opposés ; en effet, dans l'un, le chien doit chercher en ne s'orientant absolument pas à l'aide des pistes qu'il pourrait rencontrer sur le terrain qu'il explore, alors que dans l'autre il doit rechercher en ne s'orientant qu'exclusivement sur l'odeur d'une piste qu'il doit suivre exactement.

Il importe donc, et dès le début, de bien faire comprendre au chien la différence existant entre ces deux exercices ; dans ce but nous emploierons deux commandements bien différents, savoir : « Apporte » pour explorer et « Piste » pour pister.

La pratique m'a démontré qu'il était également nécessaire de faire comprendre au chien quand il avait, en explorant, à rechercher un objet ou une personne, ce qui vient ajouter un troisième exercice qui n'est en réalité que la subdivision de l'exercice « Exploration ».

Le commandement « Apporte », signifiant aussi rapporter un objet, sera donc logiquement employé pour la recherche d'objets ; quant au nouvel exercice, il aura comme commandement propre les mots « cherche, aboie ».

Ces trois espèces de commandement établissent donc pour le chien trois natures différentes d'exercices qui demanderont chacun une étude spéciale.

La méthode de dressage sera donc divisée en deux parties bien distinctes, savoir :

1. L'exploration (Chapitres II et III) ;

2. Le pistage.

Ces deux parties de la méthode seront apprises au chien simultanément.

CHAPITRE II

L'EXPLORATION

Première partie. — Recherche d'objets.

EXERCICE PRÉPARATOIRE.

Le chien est initié à la recherche d'un objet.

Rendez-vous avec votre chien dans une prairie, faites-le asseoir à vos côtés, jetez devant vous, à une dizaine de mètres environ, un objet quelconque tel que un porte-monnaie, un trousseau de clefs, une boîte à lorgnon, etc., l'objet en tombant se cachera de lui-même dans l'herbe, puis commandez au chien « apporte » en faisant un geste du bras, dans la direction de l'objet lancé.

Tout chien bien dressé au rapport s'élancera aussitôt dans la direction de l'objet qu'il a vu lancer, se mettra à chercher du nez à droite et à gauche, puis éventant l'objet, il concentrera ses recherches vers un seul point et finalement l'apercevant, il le saisira et vous le rapportera.

Veillez à ce que le chien ne joue pas avec l'objet et qu'il vous le rapporte directement, commandez « Assis, donne », puis approuvez et caressez-le vivement.

Répétez cet exercice une dizaine de fois par leçon.

Répétez cette leçon chaque jour, jusqu'à ce que le chien soit parfaitement bien initié à la recherche d'un objet, sur le commandement « Apporte ».

Remarque : N'employez pour cet exercice que des objets peu visibles et susceptibles de disparaître facilement entre les herbes, car si vous employez un objet voyant, comme par exemple un mouchoir, le chien chercherait des yeux au lieu du nez, ce qu'il faut éviter.

Première leçon.

Le chien apprend à explorer un endroit quelconque dans la direction indiquée par son maître.

La leçon précédente, bien connue du chien, cachez l'animal en le mettant au «couche, pas bouger» derrière une colline, un buisson ou dans un fossé.

Lancez alors à l'insu du chien, un objet quelconque dans une direction quelconque, et remarquez bien où tombe l'objet.

Amenez le chien dans la prairie et commandez-lui « apporte » en accompagnant le commandement d'un geste du bras dans la direction de l'objet lancé.

Le chien s'élance-t-il aussitôt dans cette direction et retrouve-t-il après quelques recherches l'objet lancé? tout est pour le mieux. Procédez alors comme à l'exercice préparatoire.

Le chien s'écarte-t-il au contraire fortement de l'objet en explorant une autre direction que celle indiquée par votre geste, laissez-le faire, surtout gardez-vous bien de lancer un commandement de rappel, car fatalement la passion d'explorer et de retrouver l'objet, sera plus forte chez lui que le devoir d'obéir à votre appel et vous ne tarderiez pas à le voir revenir avec moins d'empressement, hésiter, puis finalement ne plus faire du tout attention à vos appels ; attendez au contraire patiemment qu'il revienne vers vous sans l'objet ; ne le blâmez pas, contentez-vous de lui demander l'objet d'un ton interrogatif « donne, donne, Lily » et en tendant le bras pour prendre l'objet, prononcez alors le mot désapprobatif « non » d'un ton pas trop énergique et relancez-le dans la bonne direction en lui commandant « apporte » accompagné du geste du bras dans cette direction.

Si après quelques jours de répétition, le chien persistait à ne pas explorer dans la direction que vous lui indiquez, il y aurait lieu de le désapprouver d'un « non » prononcé très énergiquement, suivi du geste du bras dans la direction à explorer, accompagné d'un ou plusieurs commandements « apporte ».

Après quelque temps de répétition, le chien explorera parfaitement dans la direction indiquée par le geste du bras, ayant remarqué par expérience que c'est seulement dans cette direction qu'il peut découvrir l'objet.

Répétez cette leçon et dans les endroits les plus différents, jusqu'à ce que le chien exécute l'exercice à la perfection.

Remarques relatives aux exercices de l'exploration (recherche d'objets) :

A. — Ayez soin de toujours faire explorer votre chien et ce pour tous les exercices de l'exploration pratiqués en campagne, face au vent, de manière qu'il reçoive directement les émanations de l'objet perdu qu'il s'agit de retrouver.

B. — Faites toujours en sorte de lancer ou de faire lancer l'objet à grande distance, de manière qu'aucune piste n'aboutisse à l'objet perdu, ce qui pourrait faire confondre à notre chien, surtout dans le début l'exercice *Pistage*, avec l'exercice *Exploration*.

C. — Employez *toujours* le même commandement «Apporte» accompagné du geste du bras, dans la direction à explorer.

D. — Changez le plus souvent possible et d'objet et de terrain d'expérience.

Leçon 2.

Le chien est préparé pour un travail réel.

Il s'agit maintenant d'initier petit à petit le chien aux cas qui se présentent dans la réalité, c'est-à-dire que l'on ignore, où se trouve l'objet à retouver et si réellement il y a existence d'objets à retrouver.

Durant cet apprentissage le dresseur doit agir avec beaucoup de tact et doit faire appel à son initiative personnelle afin de ne point rebuter l'animal.

A.

Commencez, le chien étant caché, par jeter ou faire lancer l'objet par exemple à gauche de l'endroit à faire explorer et, par faire explorer tout d'abord le chien à droite, c'est-à-dire dans la direction contraire.

Laissez bien chercher le chien, attendez qu'il revienne vers vous sans objet, ou, s'il tardait trop, encouragez-le à le faire, mais sans pour cela lancer votre commandement de rappel, caressez-le, approuvez-le des mots habituels et faites-lui cette fois explorer dans la bonne direction, c'est-à-dire à gauche. Aussitôt l'objet découvert, procédez comme habituellement.

Répétez cet exercice souvent et en le variant sans cesse, en le faisant explorer à présent à gauche alors que l'objet se trouve à droite, puis en le faisant explorer directement dans la bonne direction ce qui revient à lui faire répéter la leçon précédente et ce afin que le chien ne sache jamais si oui ou non l'objet ne se trouve pas dans la direction qu'on lui fait explorer en premier lieu.

B.

Répétez l'exercice A, mais cette fois en lançant l'objet suffisamment loin pour pouvoir faire explorer le chien à gauche et à droite, ensuite après avoir avancé d'une cinquantaine de mètres avec le chien *aux pieds* lui faire explorer l'endroit exact où se trouve l'objet.

C.

Faites à présent explorer par le chien et en tous sens, un terrain où aucun objet n'a été lancé.

Ensuite rappelez le chien auprès de vous, approuvez-le vivement, caressez-le, donnez-lui une friandise et conduisez-le dans un autre endroit où vous avez fait lancer un objet que vous lui faites retrouver comme à l'exercice précédent.

Ces deux derniers exercices B et C sont à répéter toujours en variant le plus souvent possible les cas et ce jusqu'à la fin de la vie de service du chien.

Remarque : Il va sans dire que, si le chien vous découvre et vous rapporte un objet dont vous ignorez vous-même la présence, il faut vous empresser de le prendre et de procéder comme habituellement, c'est-à-dire l'approuver vivement et le récompenser par une friandise.

Leçon 3.

Le chien apprend à découvrir et à apporter à son maître, des objets divers appartenant à une même personne et cachés dans une chambre, et après avoir senti un objet appartenant à cette personne.

Cet exercice, de la plus grande utilité pour l'avenir, doit être appris au chien avec beaucoup de soin.

A.

Cachez dans une chambre, de manière à ce que le chien les découvre très facilement, différents objets appartenant à une même personne, par exemple : des bottines en dessous du lit, une paire de gants sur une chaise, une casquette dans un coin, etc.

Faites entrer le chien dans la chambre, faites-le asseoir, donnez-lui à sentir un objet appartenant à la personne en lui commandant « sens. sens ».

Laissez-le bien renifler l'objet, puis commandez-lui « apporte », commandement que vous ne cessez de répéter pour l'encourager dans ses recherches, au besoin pour les premières leçons, dirigez-le vers les objets et montrez-les lui.

Chaque fois qu'il trouve un des objets, veillez à ce qu'il vous l'apporte immédiatement, puis après l'avoir caressé et approuvé des mots habituels, faites-lui rechercher les autres objets de la même manière.

Petit à petit et suivant les progrès du chien, rendez les cachettes des objets plus difficiles et placez-les dans différentes chambres que vous lui faites explorer l'une après l'autre, pour finalement pouvoir lui faire explorer une maison de la cave au grenier.

B.

Le chien exécute le même exercice que le précédent mais aboie devant les objets découverts qu'il ne peut saisir.

Pour cet exercice aussi important que le précédent, cachez parmi les objets à rechercher un objet trop haut pour que le chien puisse y atteindre.

Le chien évente-t-il l'objet et se dresse-t-il pour le renifler, approuvez-le des mots « la, la, brave » et excitez-le par le commandement répété « apporte ». Le chien aboie-t-il alors seul, donnez-lui aussitôt l'objet et veillez à ce qu'il vous le rapporte immédiatement. Si le chien n'aboie pas de lui-même, commandez-lui « aboie » et dès qu'il le fait donnez-lui l'objet.

Répétez jusqu'à ce que le chien aboie correctement et immédiatement lorsqu'il découvre un objet qu'il ne peut atteindre, pour cela essayez de l'exciter en le renvoyant sans cesse vers l'objet éventé, par le commandement « apporte » et dès qu'il aboie procédez comme il est décrit ci-dessus.

Vous pouvez également cacher l'objet dans un tiroir presque fermé de manière à ce que le chien ne puisse y passer son museau pour saisir l'objet, et n'ouvrir le tiroir que lorsqu'il a aboyé.

Les exemples peuvent varier à l'infini, le dresseur n'a qu'à s'attacher à varier le plus possible l'exercice.

Si le chien ne découvre pas un des objets, dirigez-le vers lui et, au besoin, montrez-lui l'endroit où il doit renifler.

Répétez jusqu'à ce que cet exercice important soit exécuté à la perfection.

L'exercice A combiné avec l'exercice B, doit être répété le plus souvent possible, jusqu'à la fin de la vie de service du chien.

Leçon 4.

**Le chien apprend à distinguer parmi plusieurs
objets, celui appartenant à une personne
qu'on lui a fait sentir, ou après avoir pris
odeur à un autre objet lui appartenant.**

Cette leçon assez difficile à apprendre au chien, est
de la plus grande utilité pour l'avenir, elle exige de la
part du dresseur, beaucoup de tact, de douceur et de
patience et il ne faut pas oublier que c'est à force de
répétitions que le résultat peut être obtenu.

Fig. 2.

Pour initier l'animal à cette leçon, procurez-vous
deux ou trois paires d'objets semblables, par exemple
trois paires de pantoufles, trois paires de gants, etc.,
mais appartenant à trois personnes différentes.

A.

Avant tout, et à chaque répétition de cet exercice préparatoire A, faites rapporter correctement au chien, une ou deux fois l'objet que vous comptez lui faire rechercher parmi les autres, et ce afin qu'il le connaisse parfaitement de l'odorat, de plus, le chien l'ayant eu dans la gueule, il y laisse un peu de salive dont l'odeur aide à le guider dans le début.

Cachez ensuite le chien et placez les trois objets à côté l'un de l'autre à une distance d'environ cinquante centimètres et amenez le chien à deux ou trois mètres des objets.

Faites-le asseoir, donnez-lui à sentir le second objet de la même paire que l'objet que vous lui avez fait rapporter. A cet effet, placez-lui l'objet devant le museau, en lui commandant « sens » ; procédez avec douceur, et si vous vous servez de pantoufles pour cet exercice vous pouvez lui entrer doucement la pantoufle sur son museau en répétant le commandement « sens, sens », commandez ensuite « apporte » en lui montrant d'un geste du bras les objets.

Laissez faire le chien sans mot dire, saisit-il l'objet exact, approuvez-le aussitôt des mots « La, la » habituels et veillez à ce qu'il vous le rapporte correctement ; donnez-lui alors une friandise, replacez l'objet parmi les deux autres en les changeant de place et recommencez 4 ou 5 fois l'exercice.

Saisit-il un objet contraire, désapprouvez-le de quelques mots « non » prononcés sans élever la voix, approchez-vous du chien, caressez-le, faites-lui sentir à nouveau l'objet servant de témoin, puis sentir tour à tour les trois objets qui sont sur le sol de la manière expliquée en détail à la première leçon du chapitre sur le pistage, mais naturellement sans l'aide d'aucune espèce d'harnais. Dès que vous lui faites renifler l'objet exact, attendez quelques instants en surveillant bien le chien afin de voir si reconnaissant l'odeur il ne le saisit pas de lui-même, sinon commandez « La, la », « apporte, apporte », veillez à ce qu'il vous le donne bien correctement, puis donnez-lui une friandise et recommencez l'exercice.

Répétez chaque jour durant quelques minutes.

Agissez toujours avec la plus grande douceur, et surtout ayez beaucoup de patience.

Remarque : Il faut environ de 10 à 20 leçons infructueuses avant d'avoir un résultat appréciable, mais alors les progrès sont très rapides.

<h3 style="text-align:center">B.</h3>

Dès que le chien exécute parfaitement l'exercice A, ne lui faites plus auparavant rapporter l'objet qu'il doit rechercher parmi les autres, contentez-vous de lui faire prendre odeur à l'objet témoin appartenant à la même personne.

Répétez jusqu'à entière satisfaction.

<h3 style="text-align:center">C.</h3>

Augmentez à présent à volonté et progressivement le nombre des objets parmi lesquels le chien doit distinguer l'objet dont l'odeur correspond à celle de l'objet témoin que vous lui avez fait sentir.

<h3 style="text-align:center">D.</h3>

Apprenez-lui maintenant à prendre odeur à la personne même à qui appartient l'objet ; procédez exactement comme avec l'objet témoin, mais cette fois en lui faisant sentir la personne propriétaire de l'objet en lui commandant « sens, sens ».

Remarque importante: Durant toute l'étude de cette leçon 4, il faut avoir soin de ne pas intervertir les objets le même jour, c'est-à-dire faire rechercher au chien une fois l'un, une fois l'autre, ce serait compliquer inutilement l'exercice déjà suffisamment difficile et la plupart du temps ce procédé donne de mauvais résultats.

Leçon 5.

Le chien apprend à refuser de rapporter les objets dont l'odeur ne correspond pas à l'objet qu'on lui a fait sentir et aboie devant eux.

Lorsque le chien connaît à la perfection la leçon

Fig. 3.

précédente nous pouvons l'initier à cette dernière leçon sur l'exploration (recherche d'objets).

Placez comme à la leçon précédente plusieurs objets l'un à côté de l'autre, mais cette fois, dont aucun n'appartient à la personne ou à l'objet que vous lui avez fait sentir par le commandement « sens ».

Commandez « apporte » et laissez faire le chien, il est probable qu'il va sentir tour à tour plusieurs fois tous les objets sans en saisir aucun Commandez alors «Là, là, tu est brave, aboie, aboie» et, dès qu'il a aboyé, rappelez-le et donnez-lui une friandise. Répétez alors la la leçon précédente 4.

Renouvelez l'expérience quelques fois en alternant avec la répétition de la leçon précédente.

Si l'animal veut saisir un des objets, désapprouvez-le d'un mot « non » suivi immédiatement du commandement « aboie ».

Procédez avec tact, patience et douceur.

Remarque : Ne cherchez pas à avoir un résultat dès les premières leçons, répétez chaque jour quelques fois jusqu'à ce que insensiblement le résultat parfait soit obtenu.

Répétez à présent souvent cette leçon ainsi que la leçon 4 jusqu'à la fin de la vie de service du chien.

CHAPITRE III.

EXPLORATION

Deuxième partie. — Recherche de personnes.

Première leçon

**Le chien est initié à rechercher une personne
et à la dénoncer par ses aboiements.**

Rendez-vous avec l'aide et votre chien dans un endroit quelconque, faites partir l'aide en courant devant vous et faites-le cacher devant les yeux du chien, tenez celui-ci assis à vos côtés.

Commandez alors au chien « cherche, aboie » et suivez-le pour le début en courant ; le chien travaillant en liberté.

Le chien découvre aussitôt l'aide, commandez-lui « aboie, aboie » en continuant de vous rapprocher de l'aide et du chien et, dès qu'il s'exécute, approuvez-le et donnez-lui une friandise.

Veillez petit à petit, à ce qu'il reste auprès de l'aide découvert, à cet effet, s'il revient vers vous, arrêtez-vous et renvoyez-le par le commandement « cherche, aboie ».

Répétez chaque jour jusqu'à ce que le chien aboie seul et dès qu'il découvre l'aide.

Bientôt, ne suivez plus le chien ; attendez immobile son premier aboiement pour l'approuver aussitôt des mots « la, la, brave » et pour arriver immédiatement et le récompenser pour son bon travail.

Finalement, lorsqu'il a aboyé, n'avancez plus que d'une vingtaine de pas pour attendre qu'il aboie de nouveau et, pour avancer encore d'une même distance, et ce, jusqu'à l'aide. Au besoin, renvoyez le chien vers l'homme s'il revient vers vous et commandez-lui « aboie » s'il s'obstine à ne plus aboyer.

Par ce procédé, qui est excellent, le chien apprend à rester auprès de la personne découverte et à aboyer jusqu'à votre arrivée auprès de lui ; de plus, cette méthode fait admirablement comprendre au chien que ses aboiements doivent servir à vous appeler.

Répétez jusqu'à ce que l'exercice soit exécuté à la perfection et sans la moindre hésitation.

Remarque : Si le chien cherchait à mordre la personne qu'il découvre, l'aide aurait pour mission de lui donner un sérieux coup, rapide comme l'éclair, à l'aide d'un fort et court bâton, qu'il tiendrait caché derrière lui, juste au moment où il cherche à mordre et vous le désapprouveriez d'un « non » énergique suivi immédiatement du commandement « aboie ! aboie ! ».

Leçon 2.

Le chien est préparé au travail réel.

Dès que le chien exécute parfaitement la leçon précédente, nous ne lui laisserons plus voir où se cache l'aide, et nous le lui laisserons rechercher à l'aide du nez.

A cet effet, nous tiendrons le chien caché derrière un obstacle quelconque jusqu'à ce que l'aide soit caché, et nous procéderons alors comme à la leçon précédente.

Pourtant quelques règles générales s'imposent, règles que le dresseur doit scrupuleusement observer :

1. Ayez soin de toujours faire explorer le chien face au vent, de manière à ce qu'il reçoive directement les émanations de la personne à retrouver.

2. Faites en sorte, surtout au début, que la personne ayant pour mission de se cacher, se rende à sa cachette par un grand détour, de manière qu'aucune piste ne puisse conduire le chien à l'homme, et cela dans le but important de ne pas faire confondre au chien l'exercice pistage avec celui exploration.

3. Veillez à ce que le chien aboie bien devant l'homme et qu'il reste auprès de lui sans mordre.

4. Employez toujours le même commandement, soit: « cherche, aboie ».

Dès que le chien recherche bien l'aide, changez le plus souvent possible d'endroit et lorsque l'exercice est exécuté à la perfection par le chien, apprenez-lui à rechercher d'autres personnes.

Il serait fort possible que ce nouvel exercice pour le chien nécessite la répétition de la leçon 1 avec d'autres personnes que l'aide.

Répétez jusqu'à ce que l'exercice soit exécuté à la perfection.

L'exercice a d'ailleurs beaucoup moins d'importance pour le chien criminel que celui de la recherche d'objets en campagne ou dans une habitation.

Leçon 3.

Le chien apprend à distinguer et à dévoiler par ses aboiements parmi plusieurs personnes le propriétaire d'un objet qu'on lui a fait sentir au préalable.

Remarque : Cet exercice ne doit pas être appris au chien avant que celui-ci ne connaisse parfaitement la leçon 4 du chapitre II.

Placez plusieurs personnes dans une chambre, tout d'abord deux, puis montez progressivement jusqu'à 3-4-5-6 jusqu'à 10 et plus, selon les progrès et aptitudes du chien.

Faites-vous donner par l'une d'elles un objet lui appartenant et qu'elle porte journellement sur elle.

Amenez le chien, faites-lui sentir l'objet, puis commandez-lui : « cherche, aboie ».

Le chien aboie-t-il devant la personne désignée ? Approuvez-le et récompensez-le par une friandise.

Se trompe-t-il en aboyant devant la personne contraire, désapprouvez-le d'un « non » énergique ; faites-lui de nouveau sentir l'objet et renouvelez l'expérience ; au besoin pour les premières leçons, conduisez-le auprès de chaque personne et, faites-lui sentir tour à tour l'objet, puis la personne et, lorsque arrivé à la personne désignée, le chien n'aboie pas seul après l'avoir flairée, commandez « aboie », laissez-le aboyer quelques instants en renouvelant, si c'est nécessaire, le commandement, puis approuvez-le et donnez-lui une friandise.

Répétez avec beaucoup de patience et de tact et cela jusqu'à ce que le chien exécute l'exercice à la perfection.

Comme pour la leçon 4 du chapitre II précédent, ayez soin de ne pas intervertir le rôle des personnes au cours d'une même journée, c'est-à-dire lui faire rechercher tantôt une, tantôt une autre personne ; cela complique inutilement cet exercice déjà si difficile à inculquer parfaitement au chien.

Cet exercice sera alors répété le plus souvent possible en variant les personnes et les endroits et ce jusqu'à la fin de la vie de service du chien

CHAPITRE IV

LE PISTAGE

Matériel de dressage

Le matériel de dressage pour le pistage se compose de :

Fig. 4.

1° Un harnais de pistage, pour le chien ; ce harnais appelé bricole est identique, comme forme, à ceux employés pour les petits chiens. La photographie, fig. 4, en donne une idée suffisamment précise pour qu'il soit inutile de donner de plus amples explications, Tout bon sellier sera à même de vous en fabriquer un convenant à la taille de votre chien.

Cet harnais a le grand avantage de pouvoir tenir le chien en laisse en lui laissant la tête et le cou parfaitement libres.

Fig. 5.

2° Une ceinture de pistage, pouvant s'allonger ou se raccourcir à volonté à l'aide de boucles ; cette ceinture sert au début du dressage à maintenir le chien entre les jambes tout en donnant la liberté entière des deux mains.

3

Les figures 5 et 10 indiquent clairement sa forme et son application.

3° Une laisse de pistage en cuir de 3 mètres de longueur.

4° D'une vingtaine de petits jalons d'environ 40 cm. de longueur.

Ceux que j'emploie sont de petits tuteurs en très fin bambou, que l'on vend chez les fleuristes. J'ai peint ceux dont je me sers en vert, de manière qu'ils se confon-

Fig. 6.

dent le plus possible avec l'herbe et soient par suite invisibles pour le chien qui voit mal à une certaine distance.

La fig. 6 vous montre ces jalons dans la main droite. Il me restera, pour que la description du matériel soit complète, à vous parler de la confection des deux objets à traîner servant au début du dressage.

5° La figure 6 vous montre un de ces objets attaché à l'extrémité de la courte laisse, tenue dans la main droite avec les jalons.

Le premier se compose d'un morceau de flanelle ordinaire, plié et serré fortement en forme de rouleau, ayant environ 4 cm. de diamètre et 25 cm. de longueur.

Vous cousez fortement la flanelle ainsi roulée, de manière à ce qu'elle ne puisse se défaire et, vous y fixez de la même manière un anneau, servant à la pendre et à y attacher la laisse pour la traîner sur le sol, afin de tracer une piste bien continue.

Ce premier objet ainsi fait est destiné à recevoir de l'essence d'anis et s'appellera l'objet à traîner I.

Le second, appelé l'objet à traîner II, est exactement le même que le premier, avec la différence qu'il ne recevra pas d'essence d'anis, mais que vous aurez placé le morceau de flanelle, devant servir à sa confection, dans une de vos chemises lorsqu'une de celles-ci est devenue moite de transpiration, par suite d'un exercice violent quelconque et, qu'après avoir fait un paquet bien serré, du tout, vous l'aurez renfermé pendant deux ou 3 jours dans un endroit quelconque, de manière que la flanelle s'imprègne complètement de la transpiration que contenait la chemise humide. — Telle est en quelques mots, la description complète du matériel devant servir au dressage de nos chiens au pistage.

CHAPITRE V.

LE PISTAGE

Le dressage.

Remarque : Avant de commencer le dressage de votre chien au pistage, inculquez-lui parfaitement la première leçon du chapitre II de l'exploration, afin que le chien soit parfaitement initié à la recherche d'un objet.

Je crois bien faire aussi en rappelant que les exercices concernant l'exploration doivent être appris simultanément avec les exercices de pistage.

Première leçon.

Le chien apprend à mettre le nez à terre pour pister.

Rendez-vous avec votre chien, porteur du collier ordinaire et tenu en laisse, sur une grande plaine couverte d'herbes, de bon matin, entre 6 et 7 heures, alors que la rosée n'a pas encore été bue par le soleil.

Emmenez avec vous le matériel de pistage suivant :

1° La ceinture de pistage ;

2° Le harnais du chien ;

3° L'objet à traîner I sur lequel vous aurez versé et bien réparti une fois pour toutes, pour 75 cent. d'essence d'anis pur.

4º Trois ou quatre jalons de pistage.

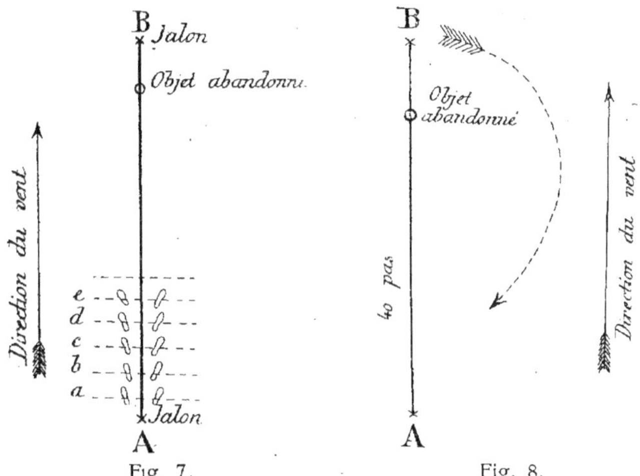

Une fois sur la plaine, commencez par faire rapporter par le chien correctement plusieurs fois l'objet à
traîner, afin qu'il le connaisse par la vue et par l'odorat.

Cachez alors l'animal en le mettant au «coucher pas
bouger» derrière un obstacle quelconque.

Votre première préoccupation doit être alors de
savoir d'où vient le vent.

Une fois fixé à ce sujet, prenez deux jalons, attachez le mousqueton de la laisse courte dans l'anneau de
l'objet à traîner et tracez une piste de 40 pas environ
dans le sens du vent (*) et de la manière suivante :

Enfoncez légèrement dans le sol un des jalons, ce
qui marquera le commencement de la piste tracée : soit
la croix A sur la fig. 8.

Laissez tomber l'objet à traîner juste contre le
jalon A et marchez à reculons, dans le sens du vent, en
laissant traîner l'objet devant vous (fig. 9).

____

(*) Voir la notice explicative page 41.

Efforcez-vous en vous orientant avec le jalon A de tracer une piste la plus droite possible.

Après avoir marché de la sorte une quarantaine de pas, arrêtez-vous, baissez-vous et, sans ramasser l'objet, détachez la laisse pour l'abandonner juste à l'endroit où vous avez cessé de le traîner.

Fig. 9.

Marchez alors à reculons encore une dizaine de pas bien dans le prolongement de la piste tracée et enfoncez dans le sol votre second jalon B dans la fig. 8.

Revenez alors vers votre point de départ en faisant un grand détour, comme le montre la flèche de la fig. 8.

Travail de la piste par le chien, aussitôt après la piste tracée.

Allez chercher le chien, enlevez-lui son collier et mettez-lui le harnais de pistage

Rendez-vous avec lui au pied du jalon A (fig. 7) marquant le commencement de la piste.

Avec la plus grande douceur et en caressant le chien, faites-le asseoir sur la piste, placez-vous alors de manière à l'avoir entre les jambes, avec un pied à la

Fig. 10.

gauche et l'autre à la droite de la piste, comme le montre très bien la fig. 10.

Accrochez maintenant le mousqueton de votre ceinture à l'anneau du harnais de pistage. L'animal est alors parfaitement maintenu entre vos jambes et vous gardez les mains libres (fig. 10).

Entretenez la confiance du chien en le caressant amicalement sur la tête et en lui parlant doucement, puis baissez-vous complètement et montrez-lui du doigt de la main droite la piste comme le montre très bien la fig. 10, et en lui commandant « Piste-piste ».

Presque tous les chiens, intrigués, reniflent alors à la place que vous indiquez et sont tout surpris de sentir l'odeur de l'objet que vous leur avez fait rapporter auparavant.

S'il n'en était pas ainsi, approchez-lui, avec beaucoup de douceur la tête du sol, de telle sorte que son museau soit presque en contact avec la place que vous voulez lui faire renifler et commandez-lui « Piste-piste ».

Plusieurs essais sont parfois nécessaires avant d'obtenir un résultat.

Dès que le chien renifle à la place indiquée, frappez-lui doucement les flancs en l'approuvant des mots « Là, là » prononcés doucement.

Faites alors lentement un pas en avant pour vous trouver en b sur la fig. 7. Recommencez ici la même manœuvre.

Dès que le chien veut bien encore sentir au nouvel endroit que vous lui désignez, faites un second pas des deux pieds plus en avant sur la piste (c sur la fig. 7).

Procédez ainsi jusqu'à ce que vous soyez arrivé à l'objet.

Les deux jalons servant de point de repère vous indiquent exactement où se trouve la piste, de plus l'objet traîné sur l'herbe humide laisse souvent une trace suffisante pour vous guider parfaitement.

Arrivé à l'objet, ordinairement le chien le saisit de lui-même ; décrochez-le alors immédiatement de votre ceinture afin de le mettre en liberté, caressez-le, approuvez-le vivement. Veillez à ce qu'il vous donne l'objet correctement et **jouez ensuite avec lui** jusqu'à ce qu'il saute de joie autour de vous.

Calmez-le alors doucement, puis commandez «aux pieds».

Cachez le chien et tracez une seconde piste nouvelle semblable à la première, mais une centaine de mètres plus loin, piste que vous faites travailler au chien de la même manière.

3 ou 4 pistes par leçon.

Notice explicative. — Tracer la piste dans le sens du vent pourrait sembler étrange à certains dresseurs ou lecteurs, c'est pourquoi je tiens, avant d'aller plus loin à donner à ce sujet quelques explications.

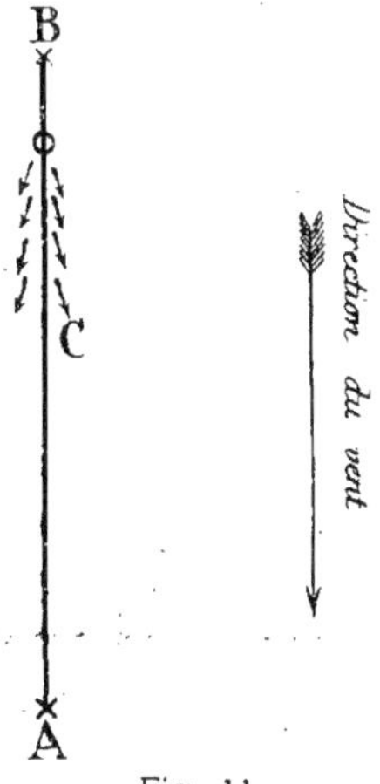

Il est un fait acquis, c'est que nous devons arriver à démontrer au chien que pour pister il doit continuellement garder la truffe du nez frôlant le sol.

Or, pour arriver à ce résultat, il faut que nous apprenions au chien par la pratique, que c'est le seul moyen pour lui de pouvoir suivre une piste et de retrouver les objets qu'il a mission de rechercher.

Fig. 11.

Or, si nous tracions la piste en marchant contre le vent, nous démontrerions au chien qu'au contraire il peut très bien retrouver l'objet, sans s'astreindre à renifler consciencieusement le sol sur tout le parcours de la piste conduisant à l'objet. Et nous risquerions de plus de lui faire confondre l'exercice exploration avec celui de pistage.

En effet, supposons que nous ayons tracé la piste en marchant contre vent, qu'aurait fait un chien pisteur ?

Il aurait (voir fig. 11) suivi la piste de A à C en pistant tête baissée, mais une fois arrivé en C, il aurait aussitôt relevé la tête et se serait dirigé immédiatement sur l'objet sans plus s'occuper de la piste, car que lui indiquerait-elle encore ? Puisque le vent en lui amenant les émanations de l'objet vient de le lui faire découvrir mieux que si nous le voyions nous-mêmes.

Forcer le chien à remettre le nez sur la piste serait alors naturellement une absurdité.

De plus amples explications sont, je crois, inutiles pour prouver la nécessité d'apprendre au chien à pister en le faisant travailler dans le sens du vent.

Remarque très importante. — Pendant toute l'étude du pistage et surtout pour ces premières leçons, agissez avec la plus grande douceur et ayez le plus de patience possible.

Si vous essayez, par exemple, de maintenir de force le nez du chien penché au-dessus du sol au lieu de l'y amener avec beaucoup de diplomatie : si vous lui parlez durement, si vous donnez une secousse sur son harnais, en un mot, si vous le brusquez d'une manière quelconque, le résultat de cette grave faute de dressage ne se fait pas longtemps attendre : le chien perd confiance, se couche ou essaye de fuir en reculant entre vos jambes, refuse d'avancer et vous avez toutes les peines du monde à lui redonner confiance, non seulement pour le présent exercice, mais encore pour les répétitions des jours suivants.

B.

Après une dizaine de jours, souvent même beaucoup avant, le chien a compris l'exercice, et dès que vous le placez entre les jambes pour l'attacher à la ceinture, il baisse déjà la tête et renifle le sol.

Commandez malgré cela « Piste » et avancez pas à pas jusqu'à l'objet.

Il va sans dire que si le chien conserve le museau baissé vers le sol et continue à renifler tout en avançant au fur et à mesure que vous faites un pas, il n'y aura pas lieu de vous arrêter, marchez au contraire, dans ce cas, le plus rapidement possible en écartant bien les jambes, mais, dès qu'il relève la tête. arrêtez-vous et recommencez quelques pas la leçon **A** précédente.

C.

Dès que le chien paraît avoir compris parfaitement l'exercice, c'est-à-dire, travaille régulièrement la piste depuis son début jusqu'à l'objet en reniflant continuellement la piste, vous ne prendrez plus le chien entre les jambes, vous procéderez comme suit :

Emportez outre votre matériel de pistage habituel la laisse de pistage de trois mètres.

Cachez le chien et tracez la piste exactement comme auparavant, c'est-à-dire en marchant à reculons en traînant l'objet sur une distance d'environ 50 à 60 pas, bien dans le sens du vent et en ligne droite

Rendez-vous alors au commencement de la piste, avec le chien *attaché par son* **collier,** et non plus au harnais, qu'il est inutile de lui mettre.

Faites passer la laisse entre les quatre pattes de l'animal, commandez « piste » et laissez-le partir seul sur la piste, donnez-lui environ 2 mètres de laisse en la tenant à environ 50 cm. du sol comme le montre la fig. 12 et suivez le chien rapidement.

Ce procédé a l'avantage de faire garder au chien la tête baissée, car, surtout au début, une fois que le

chien ne se trouve plus entre les jambes et attaché à la
ceinture, il cherche... le téméraire... à travailler la piste

Fig. 12.

le plus rapidement possible et comme vous le retenez
par la laisse qui lui passe entre les pattes, il se tire de
lui-même le museau vers le sol.

Arrivé à l'objet, le chien le saisit ; approuvez-le
vivement, commandez « assis » puis « donne » et jouez
avec lui jusqu'à ce qu'il saute de joie autour de vous.

Calmez lentement le chien, commandez « aux pieds »
cachez-le et tracez une nouvelle piste semblable à la
première, mais une centaine de mètres plus loin.

Trois ou quatre pistes par leçon.

Si le chien pistant devant vous s'écarte visiblement
de la piste, ce que vous voyez très bien en vous orientant

à l'aide des deux jalons, il y aurait naturellement lieu de le remettre sur la bonne voie de la façon suivante :

Dès que vous voyez que le chien abandonne véritablement la piste et continue malgré cela à avancer sans revenir immédiatement en arrière, reconnaissant lui-même son erreur, n'avancez plus et arrêtez-le en exerçant une traction progressive sur la laisse de pistage ; ne donnez pas une brusque secousse sur la laisse, car semblables procédés auraient bientôt fait de lui faire perdre la confiance illimitée qu'il doit avoir en elle.

Ramenez-le doucement à vous en lui disant « non, non Lily ». remontrez-lui la piste et reprenez l'animal pendant quelques pas entre les jambes, puis laissez-le lentement repartir seul, pour le suivre ensuite jusqu'à l'objet.

Replacez-le sur la piste autant de fois que cela sera nécessaire jusqu'à ce qu'il retrouve l'objet.

Pourtant, si le chien relevait à tout moment la tête et perdait à chaque instant la piste, c'est que vous auriez peut-être abondonné trop vite l'exercice A, et il ne vous resterait autre chose à faire qu'à le réétudier quelques jours.

Dès que le chien suivra assez régulièrement cette piste droite dont l'on pourra augmenter la longueur jusqu'à 100 mètres maximum, ce qui demandera encore au moins une dizaine de jours, vous passerez à la leçon suivante 2.

Leçon 2.

Le chien travaille une piste de 100 mètres avec un angle très obtus et tracée à l'aide de l'objet à traîner I.

Emportez le matériel de pistage habituel et arrivé sur la plaine, cachez le chien.

Il s'agit à présent de tracer la nouvelle piste, ce qui n'offrira aucune difficulté.

Comme règle générale, vous n'oublierez pas que la fin de toute piste doit être toujours tracée dans le sens du vent, pour les raisons expliquées à la notice explicative de la première leçon.

Votre première occupation sera donc encore de savoir d'où vient le vent.

Tracez alors la piste comme le montre la figure 13.

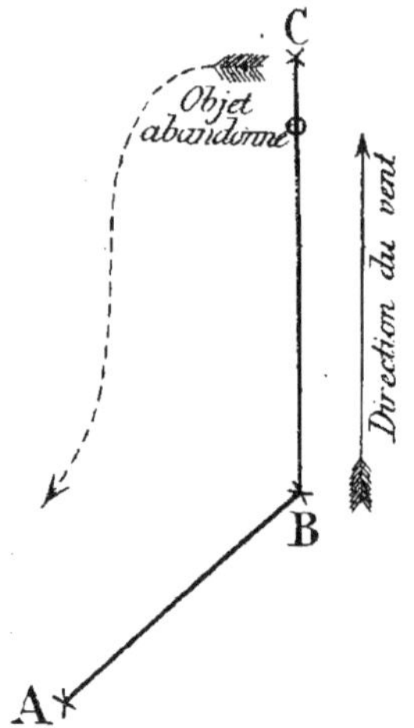

Fig. 13.

Placez un jalon en A, marquant le commencement de la piste, marchez à reculons et bien droit une cinquantaine de mètres, en laissant traîner l'objet devant vous (voir fig. 9), enfoncez alors dans le sol un second jalon, B sur la figure, marquant l'endroit exact de l'angle et achevez-la en marchant approximativement dans le sens du vent et comme il a été expliqué dans la première leçon.

Travail de la piste par le chien, cinq minutes après que la piste est tracée.

Cinq minutes après avoir tracé la piste, car il faut dès le début apprendre au chien à pister sur des pistes de plus en plus froides, venez avec le chien, tenu à la laisse de pistage, au commencement de la piste désigné donc par le jalon A sur la fig. 13.

Caressez l'animal, parlez-lui doucement, calmez-le de votre mieux, puis, sans hâte, sans mouvement brusque, montrez-lui la piste du doigt.

Faites-lui bien sentir le commencement de la piste, puis laissez-le partir seul en avant, en laissant glisser petit à petit la laisse entre vos doigts, sur toute sa longueur.

Placez alors votre main droite dans la boucle de la laisse et suivez l'animal à bonne allure, de manière à régler sa vitesse sur la vôtre, l'animal cherchant toujours à courir au début, ce qu'il faut absolument petit à petit empêcher ; nous en parlerons d'ailleurs plus longuement dans les leçons qui vont suivre.

Notice explicative : — Il pourrait se faire que le chien ne travaillât pas exactement la piste sur la distance de A à B et la suivît comme le montre le pointillé de la figure 13, c'est-à-dire 50 cm. à 1 m. d'elle

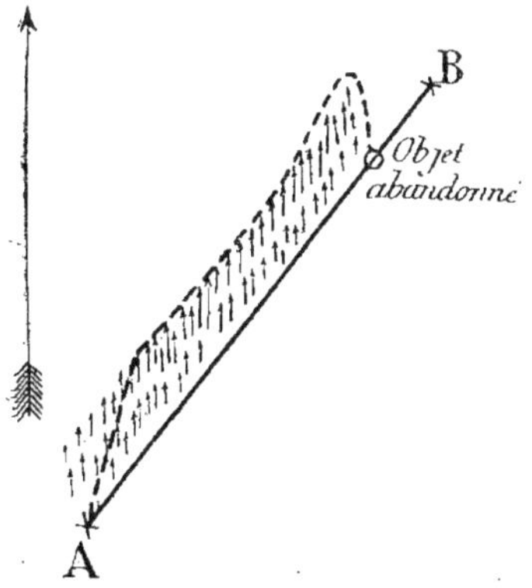

Gardez-vous bien dans ce cas, d'arrêter le chien pour soi-disant le remettre sur la piste qu'il ne suit pas exactement, le chien n'y comprendrait plus rien, attendu qu'il fait là une chose toute naturelle. (*)

En effet, supposons que nous ayons tracé une piste oblique, au vent (fig. 14-A-B) il se pourrait très bien que, par suite de certaines conditions, vent très faible, presque imperceptible, par exemple, le chien suivît la piste comme le montre la ligne pointillée de la

B

Objet
abandonné

A

- - - Chemin fait par le chien

Fig. 14.

___

(*) Il est pourtant à remarquer que cela n'est vrai que pour des pistes chaudes, c'est-à-dire vieilles de moins de 1/2 heure à 1 heure, selon le vent.

figure, le vent lui ayant amené en cet endroit les émanations de la piste et lui permettant de la suivre tout aussi bien en cet endroit que s'il se trouvait exactement sur la piste.

Mais une fois l'animal arrivé à l'objet, nous le verrions faire une brusque crochet et revenir sur l'objet qu'il ramasserait, le vent lui ayant amené en cet endroit une forte émanation, trahissant l'objet abandonné.

Cette explication donnée, examinons maintenant un fait qui se produit presque toujours dans le travail de cette nouvelle piste.

De A à B, fig. 15, le chien suit exactement la piste ou comme le montre le pointillé de la figure 14, mais arrivé en B, au lieu de faire l'angle A B C. il continue en ligne droite comme le montre les croix de la figure 15. Accompagnez-le quelques pas dans cette mauvaise direction, c'est-à-dire jusqu'à environ 2 ou 3 pas du jalon B afin de voir s'il ne s'apercevra pas lui-même de son erreur en revenant sur ses pas pour chercher la piste perdue ; dans ce cas, il faudrait le laisser faire en l'aidant même un peu dans sa recherche à l'aide de la laisse ; dès qu'il l'a retrouvée, suivez-le jusqu'à l'objet.

Continue-t-il au contraire à avancer hors de la piste en ayant l'air de ne pas s'en apercevoir, arrêtez-vous en le désapprouvant des mots « non, non » prononcés pas trop énergiquement.

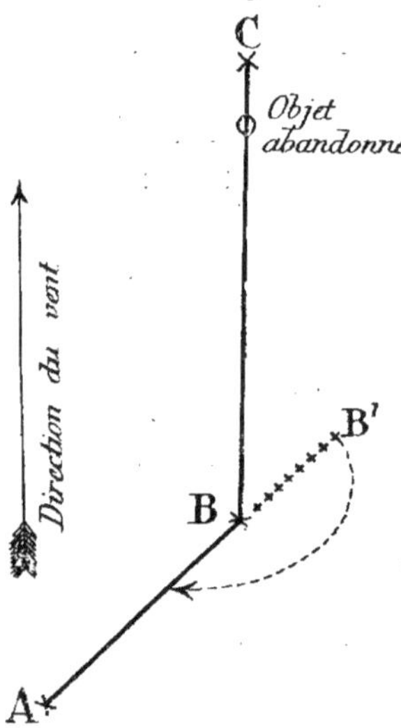

Fig. 15.

Ramenez-le à vous, sans donner de secousse sur la laisse, en lui faisant faire un crochet comme l'indique la flèche de la figure 15, remettez-le sur la piste à 2 ou 3 pas du jalon B, c'est-à-dire où vous vous êtes arrêté et observez-le attentivement.

Répétez cette manœuvre jusqu'à ce qu'il fasse lui-même l'angle de la piste et la continue dans la bonne direction ; dès qu'il fait cet angle, approuvez-le des mots « La, la, brave ».

Aussitôt qu'il a découvert l'objet et qu'il le ramasse, commandez « assis », puis « donne ».

Approuvez-le alors vivement et jouez avec lui jusqu'à ce qu'il saute de joie autour de vous.

Calmez-le doucement, recachez-le, retracez une seconde piste semblable à la première et faites lui travailler de la même façon.

Trois ou quatre pistes par leçon.

Répétez cette leçon pendant dix jours.

Faites de jour en jour l'angle de la piste un peu moins obtus et arrangez-vous de manière à faire l'angle une fois à gauche et une fois à droite, afin que le chien ne prenne pas l'habitude une fois arrivé à un jalon, d'appuyer toujours du même côté mécaniquement.

Du reste, afin que le chien ne s'habitue pas aux jalons vous prendrez de temps en temps un autre point de repère, tel que un arbre sur lequel vous faites une croix à la craie, un buisson, un arbrisseau, etc., qui nous indiqueront aussi parfaitement que les jalons, l'angle de la piste.

Leçon 3.

Le chien travaille une piste de 150 mètres avec un angle droit et tracée à l'aide de l'objet à traîner I.

Premier emploi du commandement " doucement „. Dès cette leçon l'objet sera de plus toujours caché à la vue du chien.

Cachez le chien et tracez la nouvelle piste exactement comme pour la leçon précédente, mais en faisant cette fois un angle droit comme le montre la figure 16 et en cachant à la vue du chien l'objet abandonné en le recouvrant soit avec de l'herbe, soit avec des feuilles de la terre, etc.

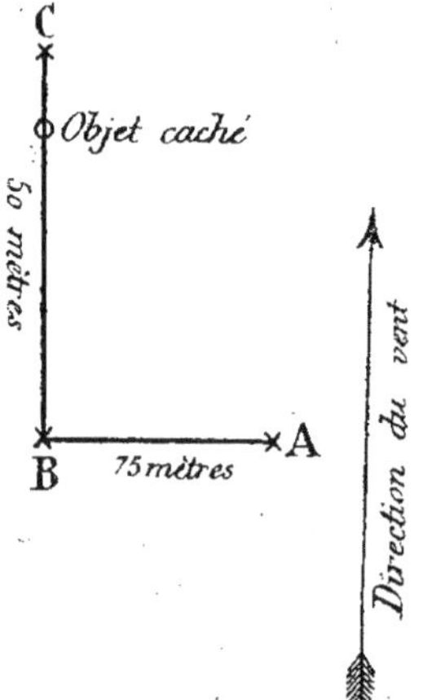

Fig. 16.

En cachant l'objet au chien, nous le forçons à ne plus se fier qu'à son odorat, la vue lui étant dorénavant complètement inutile, de plus nous lui donnerons petit à petit une plus grande passion pour pister, le chien éprouvant, tous les dresseurs le remarqueront comme moi, une véritable joie d'avoir pu découvrir à l'aide du nez un objet qu'il n'a pas vu.

Travail de la piste par le chien ; 5 ensuite 10 minutes après la piste tracée.

Venez au commencement de la piste avec le chien. Placez-vous un peu avant le jalon A (3 ou 4 pas). Montrez le sol au chien en lui commandant « cherche la piste » et laissez-le faire en lui donnant environ deux mètres de la laisse de pistage.

Si au commandement le chien baisse aussitôt la tête et renifle le sol à droite et à gauche en avançant doucement, s'il trouve le commencement de la piste et commence à la travailler, il ne vous reste autre chose à faire qu'à le suivre à bonne allure et à l'approuver de temps en temps du mot « la ».

Si au contraire, au commandement « cherche la piste » le chien s'élance en avant comme un fou, désapprouvez-le aussitôt du mot « non » répété 5 ou 6 fois et tenez l'extrémité de la laisse bien ferme en main de manière qu'arrivé au bout, le chien se donne une secousse brusque sur son collier.

Rappelez-le auprès de vous, ne le blâmez pas, caressez-le au contraire, tâchez de le calmer en lui parlant doucement, puis commandez-lui de nouveau « cherche la piste » en lui montrant le sol du doigt.

S'il hésite cette fois, ou semble refuser de chercher, ne le blâmez pas, caressez-le au contraire et essayez avec la plus grande douceur de l'encourager à chercher et ne cessez de lui montrer le sol et de lui répéter le commandement « piste ».

Vos efforts restent-ils inutiles? Remettez-le à la ceinture de pistage et accompagnez-le une dizaine de mètres sur la piste comme vous l'avez fait à la leçon I et en ayant bien soin de bannir strictement toute violence et toute parole dure et de ne cesser de le caresser et de l'encourager à pister.

Si au contraire, ce qui est plus probable, il trouve le commencement de la piste en reniflant cette fois lentement le sol à gauche et à droite en avançant et s'il se met à la travailler, abandonnez-lui toute la longueur de la laisse, approuvez-le du mot « *la* » et suivez-le rapidement.

Si le chien, en travaillant la piste, cherche à accélérer son allure et, par conséquent, tire sur laisse, commandez-lui « doucement » en tirant légèrement sur la laisse pour tâcher de modérer cette allure.

Ne cherchez pas surtout à obtenir que dès le premier jour le chien se mette au pas, au commandement de « doucement », cherchez seulement à commencer à lui faire comprendre la signification de ce nouveau commandement.

Ce n'est que plus tard, quand la passion de pister sera bien éveillée chez notre élève que nous nous montrerons progressivement plus exigeant.

Orientez-vous souvent à l'aide des jalons, afin de toujours bien voir si le chien suit la piste bien exactement.

Remettez-le sur la piste aussi souvent qu'il s'en écarte visiblement.

Dès que le chien a éventé l'objet, l'a mis au jour en grattant le sol avec les pattes et qu'il le ramasse, commandez aussitôt « assis », « donne ».

Si le chien passait l'objet caché à sa vue, revenez sur vos pas 5 ou 6 mètres en arrière sur la piste, laissez-lui travailler de nouveau ces quelques mètres en marchant très lentement et dès qu'il arrive à l'objet, s'il fait mine encore de le passer, arrêtez-le par une légère traction sur la laisse en lui commandant « apporte ».

Au besoin pour la première fois, s'il éprouvait des difficultés un peu trop grandes, accompagnez-le et montrez-lui la place de l'objet caché.

Après quelques jours toute difficulté aura totalement disparu.

Après le commandement « donne » n'oubliez pas de l'approuver vivement et de jouer avec lui jusqu'à ce qu'il saute de joie autour de vous.

Trois pistes par leçon.

Répéter 10 jours.

LEÇON 4.

Le chien travaille une piste de 200 mètres avec deux angles.

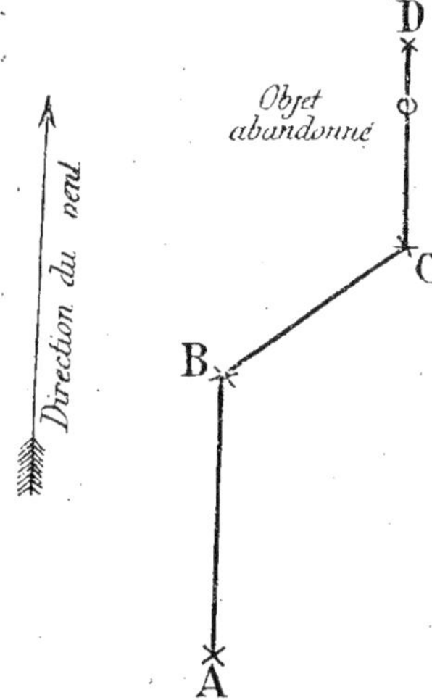

Fig. 17.

Tracez une piste de deux cents mètres avec deux angles, comme le montrent les figures 17 et 18 et en procédant de la même manière que pour tracer les pistes précédentes.

Travail de la piste par le chien, 10 ensuite 15 minutes après avoir tracé la piste.

Le travail de la piste est le même que pour la leçon précédente.

Une seule remarque est pourtant à faire ici, il se pourrait très bien que le chien, arrivé en B, fig. 18, continuât jusqu'en H ; il faut agir avec beaucoup de prudence, avant d'arrêter le chien pour le replacer sur la piste, car il ne faut pas oublier que la partie de la piste A-B, est tracée dans le sens du vent et que celui-ci peut très bien porter les émanations de cette piste jusqu'à trois ou quatre mètres au-delà du jalon B.

N'arrêtez donc le chien que lorsque vous voyez qu'il vous entraîne 4 ou 5 mètres dans cette mauvaise

direction, faites alors un crochet comme l'indique la
flèche de la fig. 18 et faites-le pister très lentement.

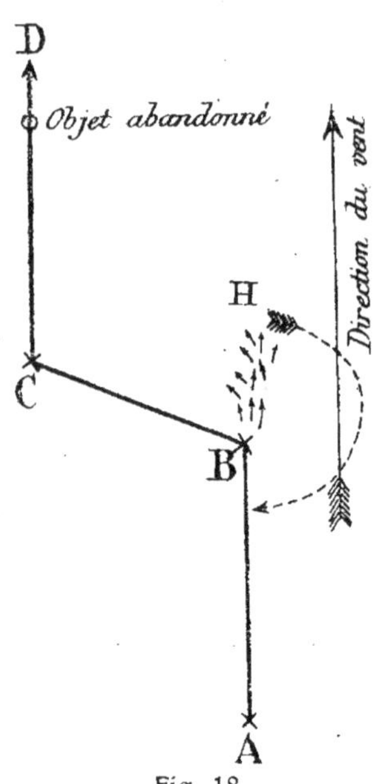

Fig. 18.

Vous pourriez dans le
début attacher deux laisses de
3 mètres ensemble afin de ne
jamais vous approcher de plus
de 3 pas du jalon B.

Après quelques essais le
chien ne se laissera plus induire en erreur et reviendra
sur ses pas pour faire l'angle
exact et reprendre la bonne
route.

N'oubliez pas d'approuver
le chien vivement lorsqu'il
retrouve l'objet.

Commencez également par
vous montrer plus exigeant
avec le commandement « doucement ».

Trois pistes par leçon.

Répétez 10 jours.

Leçon 5.

**Le chien répète les leçons 3 et 4 en traçant
la piste avec l'objet à traîner II.**

Tracez les pistes exactement comme indiqué à ces
leçons, mais en traînant l'objet à traîner II au lieu de
l'objet I.

**Travail de la piste par le chien, 5, 10 et
ensuite 15 minutes après avoir tracé la
piste.**

Faites travailler les pistes comme indiqué à ces
leçons.

Montrez-vous de plus en plus exigeant avec le commandement « doucement ».

Veillez à ce que le chien travaille toujours la piste bien exactement.

Dès ce jour l'objet à traîner I ne sera plus jamais employé.

Répétez de 5 à 10 jours chacune des leçons 3 et 4.

Leçon 6.

Le chien apprend à pister sur des distances toujours plus longues et sur bon sol.

Cachez le chien comme habituellement et tracez la piste en traînant l'objet II, mais à présent en ne marchant plus en arrière, mais bien en marchant en avant en traînant l'objet derrière vous, la nécessité de tracer des pistes si rigoureusement droites n'étant plus nécessaire.

Jalonnez toujours bien votre route ou servez-vous d'arbres, de buissons, de poteaux, etc... auxquels vous ferez un signe distinctif et des jalons, afin que vous puissiez toujours facilement vérifier si le chien travaille exactement la piste et, au besoin, le remettre sur la piste s'il venait à ne plus la suivre exactement.

Tracez toujours les pistes sur l'herbe humide le matin.

Travail de la piste par le chien, quinze ensuite vingt minutes après avoir tracé la piste.

Pour le travail de la piste par le chien, aidez-vous de toutes les indications qui ont été données dans les leçons précédentes, elles suffisent amplement.

Dès maintenant et même déjà beaucoup plus avant, si le chien piste bien la tête baissée vous n'attacherez plus la laisse de pistage au collier du chien, vous remplacerez le collier par le harnais auquel vous atta-

Fig. 19.

cherez la laisse, ce qui a l'avantage de laisser la tête du chien parfaitement libre.

Voici le tableau des pistes à tracer :

1. Les cinq premiers jours une piste avec deux angles et de 175 mètres de longueur. Deux pistes par leçon.

2. Les 5 jours suivants, une piste avec deux angles et de 200 mètres de longueur. Deux pistes par leçon.

3. Les 5 jours suivants, trois angles et 250 mètres de longueur. Deux pistes par leçon.

4. Les 5 jours suivants, trois angles et 275 mètres de longueur. Deux pistes par leçon.

5. Les 5 jours suivants, quatre angles et 300 mètres de longueur. Deux pistes par leçon.

Il reste pourtant à donner quelques conseils :

1. Il faut vous arranger pour que la dernière partie de la piste soit toujours tracée dans le sens du vent.

2. Il faut commencer chaque jour à tracer la piste à un endroit différent si l'on se sert toujours du même terrain, qui doit dans ce cas être le plus vaste possible.

3 Initiez-vous à varier le plus possible la direction des pistes tracées, afin que le chien ne prenne pas l'habitude de toujours partir dans une même direction, mais qu'il soit obligé de chercher du nez quelle direction vous avez prise pour commencer la piste.

J'ajouterai pour terminer cette leçon :

1. Ayez, quoiqu'il arrive, beaucoup de patience ;
2. Agissez toujours avec la plus grande douceur ;
3. Ne donnez jamais de secousse sur la laisse ;
4. Ne parlez jamais durement au chien ;
5. Commandez immédiatement « assis donne » lorsque le chien a découvert l'objet et qu'il vous le rapporte ;
6. Veillez à ce que le chien ne joue pas avec l'objet et qu'il vous le rapporte directement ;
7. Après le commandement « donne » approuvez-le et jouez avec lui jusqu'à ce qu'il saute de joie autour de vous.

LEÇON 7.

Le chien apprend à travailler une piste de 300 mètres tracée en traînant l'objet II sur des sols de différente nature.

Rendez-vous avec votre chien dans un endroit le plus vaste possible, accidenté, et possédant différentes

natures de sol, ici de l'herbe, là de la terre, plus loin
encore de l'herbe, puis du sable, etc.

Cachez le chien, tracez une piste de 300 mètres tout
à fait à votre convenance, peu importe si vous faites
2, 3, 4 ou 5 angles, mais faites en sorte que votre piste ne
se croise jamais.

Jalonnez toujours bien la piste ou prenez de bon
points de repère.

Si vous passez sur de la terre ou du sable et que
vous remarquiez que l'objet traîné n'y laisse aucune

Fig. 20.

trace, baissez-vous en marchant et tracez avec l'extrémité d'un des jalons une légère ligne sur le sol et le
plus près possible de l'objet que vous traînez, comme le
montre la fig. 20.

**Travail de la piste par le chien, 5-10-15
ensuite 20 minutes après avoir tracé la
piste.**

Le travail de la piste par le chien sera pour cet exercice un peu différent.

Fixez la laisse de pistage au harnais et *attachez vous la ceinture de pistage*.

Amenez à présent le chien au commencement de la piste, laissez-lui toute la longueur de la laisse de pistage et suivez-le en faisant de grands pas et en marchant assez rapidement.

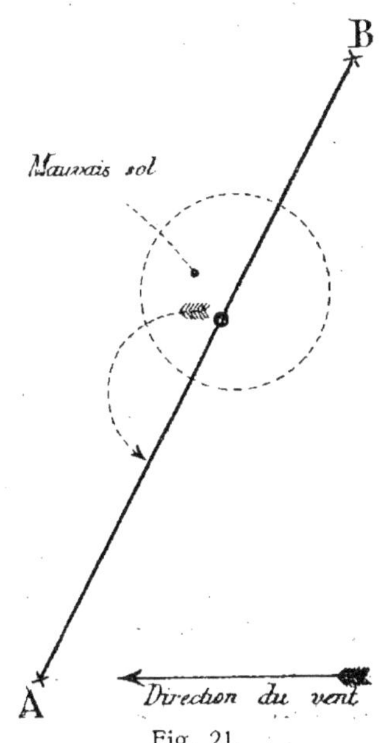

Fig. 21.

Ne tolérez à présent jamais qu'il tire sur la laisse, dès qu'il le fait et cherche à courir, commandez-lui « doucement » en le retenant de plus en plus par une traction progressive sur la laisse, puis en lui abandonnant de nouveau toute la longueur.

Si après quelques expériences de ce genre le chien ne se calme pas et continue à vouloir tirer sur la laisse, arrêtez-vous et commandez d'un ton bref « couche », approchez-vous du chien, calmez-le en lui parlant bien doucement, caressez-le, puis commandez-lui : « allez-piste » et suivez-le comme précédemment.

Ralentissez dès maintenant son allure par le commandement « doucement » et la traction sur la laisse, suivis du commandement « couche », si aucun résultat ne se fait sentir, chaque fois qu'il tire de nouveau sur la laisse.

Il faut absolument arriver à ce que le chien piste au pas.

Arrivé aux endroits difficiles, c'est-à-dire sur le sable ou la terre, ralentissez fortement l'allure du chien en lui commandant « doucement, doucement » et ne le laissez pas pister à côter de la piste ; la ligne tracée ou la trace laissée par l'objet traîné, vous sert admirablement de guide.

S'il s'écarte de la piste, désapprouvez-le des mots « non, non », faites-lui faire un crochet sous le vent comme l'indique la flèche de la figure 21 et remettez-le sur la piste 5 ou 6 mètres en arrière sur le bon sol pour la lui laisser travailler seul une seconde fois ; s'égare-t-il encore, faites-lui faire le même crochet, mais cette fois, sans détacher la laisse de pistage de son harnais, vous le prenez entre les jambes, vous l'attachez à votre ceinture de pistage et vous répétez la leçon I sur tout ce parcours difficile, une fois de nouveau sur l'herbe, décrochez la ceinture de pistage sans mot dire et laissez-le partir seul en avant, saisissez la laisse de pistage qui traîne derrière vous et suivez-le comme précédemment.

Répétez cette même manœuvre jusqu'à ce que le chien piste seul exactement sur la partie de la piste tracée sur mauvais sol, vous pourrez alors faire un coude, c'est-à-dire un angle sur mauvais sol, ce qui vous confirmera si oui ou non l'exercice est suffisamment étudié et si vous pouvez passer à la leçon suivante.

N'oubliez pas que la grande patience, la grande douceur, le travail assidu et méthodique et surtout les répétitions vous feront aboutir à un résultat et, qu'avec la violence, la colère et la précipitation, vous réduirez fatalement en quelques fois à néant, le travail de plusieurs semaines, heureux même si vous ne compromettez pas en outre tout le reste du dressage.

Leçon 8.

Le chien apprend à travailler une piste de 1500 mètres, tracée par son maître sans objet traîné.

Lorsque le chien connaîtra parfaitement la leçon 7, vous remarquerez que l'objet à traîner II est presque complètement usé d'avoir été traîné sur le sol, de plus vous remarquerez que le chien, bien avant l'endroit où se trouve le jalon marquant la place où vous avez commencé à traîner l'objet, prend la piste que vous avez fatalement tracée, sans intention, pour vous rendre au premier jalon, c'est donc une preuve pour vous que le chien piste déjà sur vos pas et non simplement sur la piste faite par l'objet traîné.

C'est à ce beau résultat que devait nous amener insensiblement l'emploi de l'objet à traîner II ayant naturellement la même odeur que la piste laissée par vos pas.

Dès ce jour vous supprimerez radicalement l'usage des objets à traîner.

A.

Commencez par tracer les premières pistes exclusivement sur l'herbe.

Tracez une piste de 300 mètres sans traîner d'objet, mais en traînant légèrement les pieds pour les quelques premiers jours de ce nouvel exercice.

Jalonnez toujours bien votre piste ou établissez de bons points de repère.

La piste tracée, cachez bien sous l'herbe un objet quelconque que vous avez tenu en poche quelques jours, tel un vieux porte-monnaie, un calepin, une boîte à lorgnon, etc., et revenez vers le chien caché en faisant un grand détour pour éviter soigneusement de croiser votre propre piste.

Faites travailler comme précédemment cette piste au chien et vous aurez la satisfaction de voir qu'il la travaille aussi régulièrement que si vous aviez traîné l'objet.

Faites travailler la piste par le chien 10, 15 20, 25 et ensuite 30 minutes après avoir tracé la piste.

Lorsque le chien travaille plusieurs jours consécutifs parfaitement, régulièrement et surtout sans qu'il soit nécessaire de le remettre sur la piste qu'il a perdue ou abandonnée, passez à l'exercice B suivant.

B.

Cet exercice consiste en quelque sorte à répéter la leçon 7 précédente, mais sans objet à traîner.

A cet effet tracez comme pour cette leçon la piste sur un terrain possédant différentes natures de sol, mais cette fois, au lieu de tracer une ligne légère avec l'aide d'un jalon, aux endroits tels que le sable, la terre, etc., vous vous procurerez deux appareils que l'on emploie lorsqu'il y a du verglas en hiver et qui consistent en deux ou trois pointes qui se placent aux semelles comme le montre la fig. 22.

Cet appareil a l'avantage pour peu que vous appuyez sur chaque pas, de laisser une trace à chacun d'eux, ce qui vous permet de reconnaître facilement la place de vos pas.

Fig. 22.

Faites donc travailler la piste au chien, en ayant soin de vous mettre la ceinture de pistage et, dès que vous arrivez aux endroits difficiles, procédez exactement comme à la leçon 7 avec la différence que vous lui montrez et faites sentir chacune des empreintes de vos pas; répétez jusqu'à ce que le chien travaille la piste seul et exactement sur ces endroits difficiles.

Faites travailler la piste par le chien 10, 15, 20, 25 et ensuite 30 minutes après avoir tracé la piste.

C.

Répétez l'exercice B précédent, mais en vous efforçant de changer le plus souvent possible de champ de travail.

Augmentez régulièrement et suivant les progrès du chien, la longueur de la piste jusqu'à 1500 mètres.

Jalonnez ou prenez toujours de bons points de repère.

> **Faites travailler la piste par le chien, 25, 30, 35 et 40 minutes après avoir tracé la piste.**

Cet exercice C demandera au moins de 20 à 30 jours de répétitions.

Leçon 9.

> **Le chien suit une piste de 300 mètres tracée par l'aide et le dénonce par ses aboiements.**

A.

> **Odeur de la piste prise à un objet abandonné au début de la piste.**

Cachez-vous avec le chien, laissez partir l'aide, celui-ci a pour mission de tracer une piste fantaisiste, exclusivement sur l'herbe, en marchant toujours en ligne droite et, en plaçant un jalon ou, en faisant une croix à la craie aux arbres, chaque fois qu'il fait un angle, afin que vous puissiez, si cela est nécessaire, remettre le chien sur la bonne voie, ce qui vous permet également de voir si l'animal suit toujours la piste bien exactement.

L'aide devra en outre, comme indication, au début de la piste, laisser tomber et abandonner un objet quelconque lui appartenant et qu'il porte journellement et, une fois la piste tracée, de bien se cacher en ayant soin de faire si possible la dernière partie de la piste avec le vent.

> **Travail de la piste par le chien, 15, 20, 25, 30, 35 et 40 minutes après le départ de l'aide.**

Voyons maintenant le travail de la piste par le chien.

Les minutes indiquées ci-dessus, écoulées après le départ de l'aide, attachez au chien la laisse de pistage à son harnais et rendez-vous avec lui au commencement de la piste.

Faites-le asseoir devant l'objet abandonné, laissez-lui bien sentir l'objet en le lui tenant devant lui et en lui commandant « sens, sens ».

Commandez-lui ensuite « cherche la piste ».

Laissez-le chercher lui-même à droite et à gauche, en le calmant si c'est nécessaire du commandement « doucement, doucement ».

Aussitôt que le chien part franchement dans une direction, suivez-le, c'est qu'il vient de découvrir la piste ; vous vous en apercevrez d'ailleurs immédiatement, grâce aux jalons ou aux marques faites par l'aide.

Procédez comme aux leçons précédentes.

Dès que le chien découvre l'aide, veillez à ce qu'il aboie immédiatement ; s'il ne le fait pas, commandez-lui « aboie ». Faites-le aboyer quelques minutes, puis commandez « c'est tout, chut » « la la, il est brave » et donnez-lui une friandise.

Une répétition journellement suffit.

B.

Dès que le chien exécute parfaitement l'exercice A, répétez-le, mais cette fois en le combinant avec l'exercice B de la leçon précédente 8, avec la différence que la piste est tracée par l'aide et que c'est lui qui se met les appareils aux talons.

Faites travailler la piste par le chien, 15, 20, 25, 30, 35 et 40 minutes après le départ de l'aide.

Ne manquez jamais de faire sentir tout d'abord au chien, l'objet abandonné par l'aide au début de la piste.

C.

Odeur de la piste, prise à une trace de pas.

Répétez l'exercice B, avec la différence que vous faites commencer la piste par l'aide, à un endroit où le terrain est suffisamment mou ou humide pour que ses pas laissent une trace bien visible.

Amenez le chien et faites-lui sentir, lentement, bien doucement deux ou trois pas, en les lui montrant du doigt, puis, commandez au chien « piste » et suivez-le comme habituellement jusqu'à l'aide.

Faites travailler la piste par le chien, 30, 35, 40, 45 et 50 minutes après le départ de l'aide.

Répétez jusqu'à ce que la leçon soit parfaitement connue du chien.

Alternez ensuite en lui faisant prendre l'odeur de la piste à suivre à un objet abandonné.

Leçon 10.

Le chien travaille une piste de 1000 mètres, ramasse ou découvre les objets perdus ou cachés le long de la piste et dénonce par ses aboiements l'aide ayant tracé la piste.

A.

Répétez exactement les parties B et C de la leçon 9 précédente, avec la différence que l'aide tracera une piste chaque jour plus longue et graduellement suivant les progrès du chien, et ce, jusqu'à 1000 mètres de longueur, et qu'il laissera tomber en route deux ou trois objets lui appartenant, comme s'il les avait perdus dans sa précipitation à fuir.

**Faites travailler la piste 45, 50 et 55 minutes
après le départ de l'aide.**

Veillez à ce que l'animal ramasse tous les objets
perdus par l'aide et qu'il trouvera sur la piste.

Dès que le chien ramasse un des objets, approuvez-
le vivement, commandez-lui aussitôt « assis, donne »,
approuvez-le encore, faites-lui renifler l'objet trouvé en
lui commandant « sens, sens», puis laissez-le continuer à
travailler la piste en lui commandant « piste ».

S'il arrivait que le chien dépassât un des objets,
arrêtez-vous avant que vous ne passiez vous-même
l'objet et commandez au chien « apporte, apporte ».
Laissez-le chercher et, dès qu'il ramasse l'objet, procédez comme il est décrit ci-dessus.

Dès que le chien a découvert l'aide, laissez le chien
aboyer quelques minutes devant lui et procédez comme
à la leçon précédente.

B.

Dès que le chien exécutera parfaitement la partie
A de cette leçon, l'aide ne se contentera plus de laisser
tomber en route les objets, mais il les cachera en les
recouvrant d'herbes ou de feuilles pour ensuite commencer à les enterrer de plus en plus profondément jusqu'à
25 cm. de profondeur, cas qui peut très bien se produire
dans la réalité, le malfaiteur cherchant à cacher un
objet quelconque, comme par exemple, l'arme du crime.

L'aide aura toujours soin, au début, de faire un
signe conventionnel, afin de vous prévenir qu'il a en cet
endroit caché un objet.

Si le chien passe cet endroit sans trouver l'objet,
faites-le revenir sur ses pas et laissez-le explorer, tenu
en laisse, en lui commandant « apporte, apporte » et ce
jusqu'à ce qu'il le découvre ; lorsque l'objet est enterré,

excitez le chien à gratter le sol pour le déterrer ; si vous éprouvez quelques difficultés au début de cet exercice, écartez vous-même la terre avec vos mains en lui montrant cet endroit et en l'excitant par le commandement « apporte, apporte » et approuvez-le du mot « la » dès qu'il fait mine de vouloir gratter le sol. Le résultat de cette manœuvre ne se fera pas longtemps attendre.

Leçon 11.

Le chien répète les leçons 9 et 10, mais en faisant tracer les pistes par des personnes étrangères au chien.

Répétez ces leçons en faisant tracer la piste par des personnes étrangères à l'animal, et vous aurez la satisfation de voir que votre chien, bien travaillé jusqu'ici, n'éprouvera aucune difficulté pour ce nouvel exercice, et qu'il suivra la piste aussi exactement que si elle avait été tracée par l'aide.

Faites travailler la piste au chien 30, 35, 40, 45, 50, 55 minutes et, finalement une heure après le départ de la personne.

La personne aura soin, une fois cachée, d'attendre patiemment le chien jusqu'à son arrivée.

Répétez cette leçon une ou deux fois par semaine et jusqu'à la fin du dressage du chien.

Leçon 12.

Le chien apprend à revenir en liberté sur la piste de son maître et à retrouver et rapporter un objet perdu par ce dernier.

Cet exercice, et celui de la leçon suivante 13, sont pour ainsi dire sans utilité pratique pour notre chien criminel.

Pourtant, attendu qu'ils sont exigés dans certains concours de pistage, il sera bon de les apprendre soigneusement à notre élève, vous n'éprouverez d'ailleurs à présent aucune difficulté à les lui inculquer.

A.

Promenez-vous en campagne avec votre chien, laissez tomber un objet vous appartenant et sans que le chien s'en aperçoive.

Après deux ou trois cents mètres, mettez le chien à la laisse de pistage, commandez-lui « Piste » et remontez avec lui votre propre piste jusqu'à l'objet.

Répétez cet exercice pendant plusieurs jours, jusqu'à ce que le chien l'exécute parfaitement.

Ne négligez pas de répéter la leçon précédente 11. Mais le jour où vous lui faites faire cette répétition, ne lui faites exécuter aucun autre exercice.

B.

Laissez tomber l'objet, comme à l'exercice précédent, mais cette fois, envoyez le chien en liberté sur votre piste et sans l'accompagner.

Le chien suit-il exactement la piste jusqu'à l'objet? Tout est pour le mieux. Jugez alors s'il est nécessaire de donner un coup de sifflet de rappel pour faire comprendre au chien qu'il doit revenir vers vous au galop, avec l'objet trouvé, dans la gueule.

Ne manquez pas de l'approuver vivement lorsqu'il est revenu près de vous.

Le chien hésite-t-il à partir seul? De la voix et du geste, encouragez-le à pister et à rechercher l'objet perdu. Au besoin, remettez-le à la laisse et accompagnez-le une partie de la piste, puis renouvelez l'essai. Surtout, gardez toujours votre sang-froid, restez calme et procédez avec la plus grande douceur.

Répétez jusqu'à ce que le chien exécute parfaitement l'exercice.

Augmentez ensuite chaque jour les distances d'une cinquantaine de pas ou plus, suivant les aptitudes et les progrès du chien, jusqu'à ce qu'il remonte finalement votre piste sur une distance de plusieurs kilomètres.

Le chien revient-il sans l'objet ? Gardez-vous bien de le blâmer. Contentez-vous de lui demander l'objet comme s'il vous l'apportait réellement, afin de lui faire comprendre qu'il a mal exécuté l'exercice. Caressez-le et lancez-le de nouveau sur la piste Le chien revient-il encore sans l'objet ? Caressez-le, mettez-le à la laisse de pistage et remontez-la piste avec lui jusqu'à l'objet en ne cessant de l'encourager et de l'approuver de de temps en temps des mots « La, la, brave », lorsqu'il suit attentivement la piste.

Comme le dresseur s'en apercevra, cet exercice n'offre aucune difficulté pour être appris au chien, il me reste seulement à dire qu'il faut se garder de fatiguer le chien par trop de répétitions; deux suffisent amplement lorsque la distance ne dépasse pas 300 mètres, mais une fois qu'elle dépasse celle-ci, un seul exercice par leçon doit suffire, même si le travail mal exécuté en liberté par le chien, demandait à mettre l'animal à la laisse et à l'accompagner jusqu'à l'objet.

Il me reste encore finalement à bien recommander au dresseur de ne pas attacher une trop grande importance à cet exercice, qui peut fort facilement s'apprendre au chien tout en continuant son dressage pratique par la leçon 14.

N'oubliez pas surtout de faire répéter au chien une ou deux fois par semaine la leçon 11 et cela, jusqu'à la fin de son dressage.

Leçon 13.

Le chien apprend à rechercher en liberté un objet caché en suivant une piste de 1000 mètres.

L'exercice précédent a déjà préparé admirablement le chien pour l'étude de ce nouvel exercice. Cela ne veut pourtant pas dire qu'il exécutera celui-ci sans autre étude, bien au contraire, tout un apprentissage s'impose et le voici décrit en quelques mots :

Remarque importante : *Ne commencez jamais l'étude de cet exercice avant que le chien, tenu en laisse, soit capable de travailler une piste d'au moins deux mille mètres, de façon parfaite, car, si tenu en laisse, il ne suit pas exactement la piste, il la suivra encore beaucoup moins bien en liberté, et tout le dressage sera vite compromis.*

Tracez, le chien caché, une piste d'environ trois cents mètres, en la rendant difficile par de nombreux angles et en ayant soin que la dernière partie de la piste soit tracée avec le vent et cela dans le but d'écarter dans la plus grande mesure possible les chances que le chien aurait de retrouver l'objet ou la piste tracée, si travaillant en liberté, il cessait de la suivre pour se mettre à chercher au hasard.

Si le chien arrivait plusieurs fois à retrouver l'objet, malgré ce travail inexact, cette grave faute amènerait fatalement comme résultat, que le chien, une fois en liberté, ne travaillerait plus exactement la piste, qu'il ferait des coupures et chercherait même à en faire, un chien tendant toujours à se simplifier et à se faciliter la besogne ; pareil procédé enlèverait certainement en très peu de temps à notre élève ses qualités propres de pisteur, pour en faire, permettez-moi l'expression rendant parfaitement ma pensée, un chien explorateur de piste, complètement inutilisable sur pistes froides, l'animal ayant confondu les deux exercices : pister et explorer.

Prenez, en traçant la piste, de bons points de repère, afin de pouvoir, le cas échéant, remettre le chien sur la bonne voie.

Travail de la piste par le chien, immédiatement après la piste tracée, ensuite 5, 10 et 15 minutes maximum après son tracé.

Mettez la laisse de pistage au chien, laissez-lui travailler la piste, tenu en laisse ; sur sa plus grande longueur, c'est-à-dire jusqu'à une cinquantaine de mètres de l'objet caché ; détachez le chien en vous efforçant de faire tous vos mouvements sans précipitation et très posément et, laissez suivre au chien en liberté le restant de la piste non travaillée.

Répétez cette leçon chaque jour, détachez progressivement le chien de plus en plus loin de l'objet abandonné, de manière qu'il piste en liberté sur des distances de plus en plus grandes.

Le chien perd-il la piste et continue-t-il à chercher au hasard ? Attendez patiemment qu'il revienne auprès de vous sans l'objet, gardez-vous de le blâmer, contentez-vous de lui demander l'objet et de le désapprouver d'un « non » prononcé pas trop énergiquement. Remettez-le avec douceur à la laisse, accompagnez-le encore une certaine distance sur la piste, puis détachez-le de nouveau pour le laisser continuer à pister seul.

Répétez cette leçon jusqu'à ce que finalement le chien travaille entièrement seul toute la longueur de la piste ; commencez alors à augmenter la distance de la piste tracée progressivement jusqu'à 1000 mètres (maximum).

Remarque importante : *Gardez-vous, lorsque le chien piste en liberté, de le rappeler ou tout au moins, soyez extrêmement prudent pour lancer votre appel, car la passion de pister et, surtout de trouver, sera plus forte chez le chien que le devoir d'obéir à votre commandement de rappel et en très peu de temps le chien ayant eu le meilleur rappel, n'en possèdera plus aucun.*

N'oubliez pas de faire répéter au chien, la leçon 11.

Leçon 14.

Le chien, tout en continuant son dressage par les leçons 15 et 16 suivantes, apprend insensiblement à suivre une piste, froide de un jour et demi.

Dès à présent, à chaque répétition de la leçon 11, c'est-à-dire une fois par semaine, vous laisserez refroidir la piste de plus en plus longtemps avant de la faire travailler par le chien, c'est-à-dire 1 heure 1/4, 1 heure 1/2, 1 heure 3/4. 2 heures ensuite, en augmentant par quart d'heure ou demi-heure, selon les progrès du chien, 3 heures, 4, 5, 6, 7, 8, 9, 10, 11, 12, 13. 14, 15, 16, 17 et 18 heures.

Veillez à ce que la personne, traçant la piste, jalonne ou établisse toujours de bons points de repère.

Veillez surtout à ce que la personne, une fois l'espace de temps écoulé, revienne à sa cachette par un grand détour, afin de ne pas croiser sa propre piste et, afin que le chien, après avoir travaillé la piste, trouve toujours la personne l'ayant tracée.

Ne manquez jamais avant de le faire pister, de lui faire prendre l'odeur de la piste à suivre, soit à un objet, soit à des traces visibles de pas de la personne ayant tracé la piste.

Le chien perd-il la piste, faites-lui faire un crochet comme le montre la figure 21 et retravailler la piste plus lentement.

Armez-vous de beaucoup de patience et de douceur, et surtout ne vous emportez jamais.

Changez le plus souvent possible de personnes et d'endroits, et faites travailler le chien par tous les temps.

Leçon 15.

Le chien apprend à distinguer la piste suivie, parmi d'autres pistes qui la coupent et ne se laisse pas induire en erreur par celles-ci.

Jusqu'à présent, nous avons tracé ou fait tracer toutes les pistes sur sol vierge, c'est-à-dire que nous avons tracé ou fait tracer des pistes dans des endroits assez peu fréquentés pour que nous soyons les premiers qui les parcourions le jour où nous initions notre élève au pistage, nous avons également pris soin de ne jamais croiser notre propre piste.

Combien cela se rapproche peu de la réalité ! Mais nous avons bien dû commencer par là.

Or, à présent que notre chien est devenu un excellent pisteur, nous commencerons à lui apprendre lentement, en observant une sage progression dans les difficultés à surmonter, à lui faire suivre une piste exactement, bien que celle-ci soit coupée une ou deux fois par d'autres personnes.

Pour arriver à ce beau résultat, nous procèderons de la façon suivante :

A.

La piste travaillée est coupée une fois. Les deux pistes sont aussi froides l'une que l'autre.

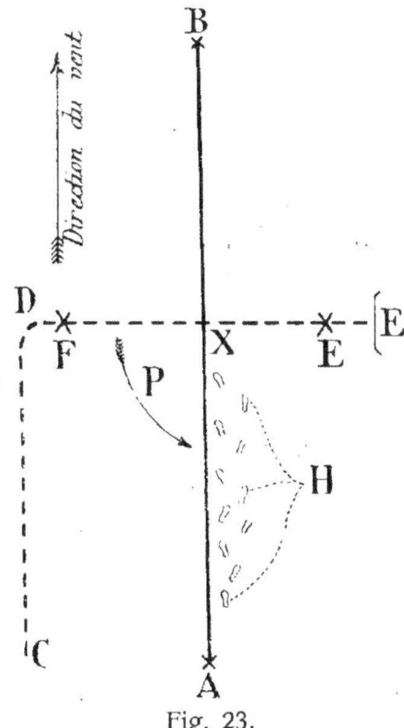

Fig. 23.

Faites tracer une piste d'environ 300 mètres, par une personne étrangère au chien. (J'ai, pour rendre plus claires les figures, représenté cette piste par la ligne droite A B.) (Voir fig. 23).

Faites partir en même temps de C, une autre personne qui, elle, aura pour mission de couper la piste A B perpendiculairement à celle-ci, de placer un jalon en F, un autre en E à environ 60 mètres l'un de l'autre, ou de choisir un point de repère naturel (arbre, buisson, etc.) en X pour vous indiquer le croisement des deux pistes, puis de bien se cacher, ou mieux de revenir vers son point de départ par un grand détour.

Faites travailler le chien une demi-heure après le départ de ces personnes.

Habituez-vous à présent, dans la mesure du possible, à suivre le chien tenu en laisse, en marchant à côté de la piste, c'est-à-dire que le chien ne piste pas juste devant vous, mais bien vers votre gauche ou votre droite, comme l'indiquent les traces de pas H de la figure 23. Ceci en prévoyant que vous devez peut-être lui faire retravailler la piste en cas de faute de sa part.

Arrivé en X, point marquant le croisement des pistes, surveillez attentivement le chien, laissez-le faire sans lui dire un mot et en lui abandonnant toute la laisse ; passe-t-il l'endroit critique pour continuer à travailler la piste A B, approuvez-le aussitôt des mots habituels « La, la, brave » et suivez-le jusqu'à la cachette de la personne ayant tracé la piste A B.

Change-t-il au contraire de piste et, se met-il à travailler la piste C D soit vers E soit vers F ? Accompagnez-le 5 ou 6 mètres sur cette piste contraire, puis arrêtez-vous brusquement en le désapprouvant du mot « Non ». Faites-lui faire un crochet comme l'indique la flèche P de la figure 23, replacez-le sur la piste A B à environ une quinzaine de mètres du croisement des pistes et laissez-le travailler une seconde fois.

Cette fois, si le chien change encore de piste, désapprouvez-le aussitôt du mot « non », laissez-le chercher seul en restant sur place et en l'excitant au besoin par le commandement de « Piste » et dès qu'il semble prendre la bonne voie, approuvez-le aussitôt des mots « La, la, tu es brave » et suivez-le jusqu'à la cachette de la personne.

Deux ou trois répétitions par leçon, mais en ayant toujours bien soin de ne jamais intervertir les personnes dans une même leçon, c'est-à-dire de faire tracer la piste A B que le chien doit travailler, par la personne venant, à l'expérience précédente, de tracer la piste C D.

Répétez cette leçon jusqu'à ce que le chien ne se laisse plus influencer par la piste C D, coupant celle qu'il travaille.

Changez le plus souvent possible de personnes.

B.

**La piste travaillée est coupée plusieurs fois
par une autre piste. Les deux pistes
sont aussi froides l'une que l'autre.**

Pour cet exercice, procédez comme pour le précédent avec la différence que vous faites couper la piste A B en plusieurs endroits par la personne traçant la

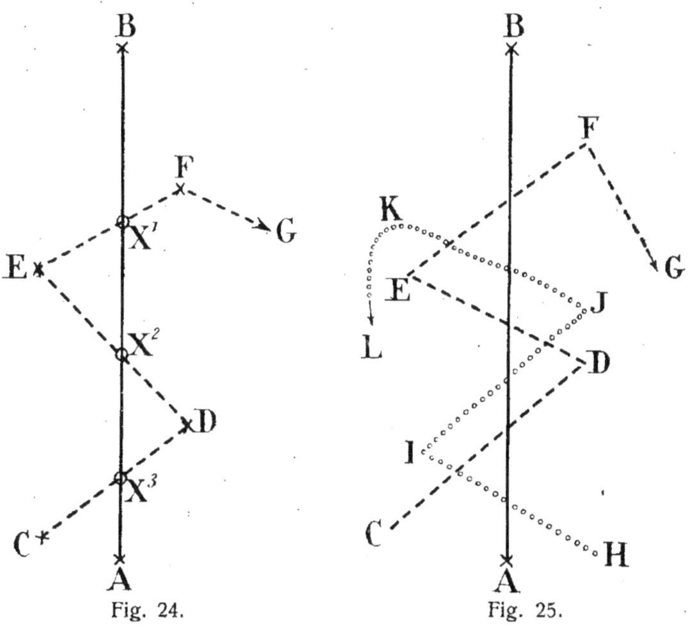

Fig. 24.   Fig. 25.

piste C D ; tout d'abord 2 fois, ensuite 3 et 4 fois et plus comme le montre très bien la figure 24.

Attachez-vous à avoir de bons points de repère, marquant le croisement des pistes, et tâchez de connaître bien exactement le parcours de la piste que le chien doit travailler.

Le travail de la piste par le chien reste exactement le même que pour l'exercice précédent.

Répétez jusqu'à ce que le chien ne se laisse plus influencer par la piste C, D, E, F, G.

Changez le plus souvent possible de personnes.

C.

La piste travaillée est coupée par deux personnes différentes. Les pistes sont aussi froides les unes que les autres.

Répétez le même exercice que l'exercice B précédent, mais en faisant cette fois couper la piste A B par deux personnes différentes; d'abord une fois, puis deux, trois fois et plus comme le montre la figure 25.

Faites travailler au chien la piste A B de la même façon que pour les deux exercices précédents.

Répétez jusqu'à ce que le chien ne se laisse plus influencer par les autres pistes qui coupent celle qu'il travaille.

D.

La piste travaillée est coupée et ensuite suivie durant un certain temps par une autre piste. Les deux pistes sont aussi froides l'une que l'autre.

Faites partir une personne de A, une autre de E (figure 26), ces personnes vont à la rencontre l'une de l'autre et font route ensemble en marchant pour les premières leçons l'une à côté de l'autre et dans la suite, l'une derrière l'autre, et ce durant une centaine de mètres, puis s'éloignent chacune dans un sens différent.

Faites établir de bons points de repère pour les parties F-G et C-D, des deux pistes.

Faites travailler une des pistes au chien.

Ne vous trompez pas vous-même à la bifurcation C-F des deux pistes.

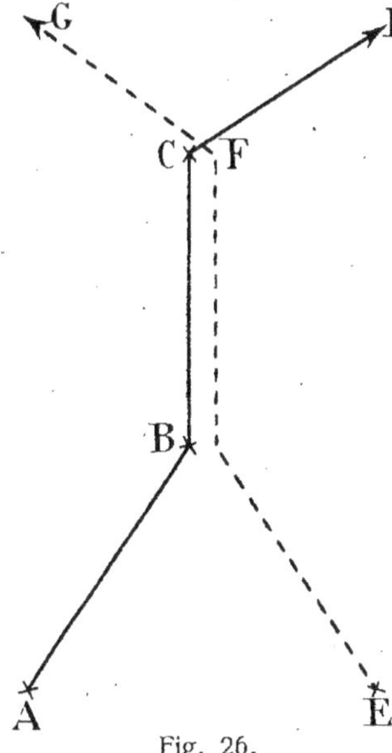

Fig. 26.

Si le chien se trompe, désapprouvez-le d'un brusque et énergique mot « non »; si au contraire il continue à travailler la piste exacte, approuvez-le des mots « la, la tu es brave » et suivez-le jusqu'à la cachette de la personne.

Répétez jusqu'à ce que la perfection soit obtenue.

N'oubliez pas de répéter une fois par semaine l'étude de la leçon 14 précédente.

E.

Le chien répète les exercices A-B-C-D de cette leçon. La piste travaillée étant plus froide que celles qui la coupent.

Répétez les exercices A-B-C-D de cette leçon l'un après l'autre en suivant la même sage progression, mais en vous arrangeant de telle sorte, que les pistes A-B travaillées soient plus froides que celles qui la coupent. A cette fin vous faites partir la personne, chargée de couper la piste tracée, 5 minutes ensuite 10, 15, 20, 25 et 30 minutes après le départ de la première personne.

Le travail de la piste par le chien reste le même que pour les exercices précédents.

Remarques : 1. Tout en inculquant lentement au chien cette importante et difficile leçon, n'oubliez pas de répéter au moins une fois par semaine la leçon précédente 14.

2. L'étude de cette leçon peut être simplifiée, pour les favorisés qui peuvent faire travailler leurs chiens au bord de la mer, sur le sable humide, toutes les traces des pas étant alors visibles, il sera extrêmement facile d'initier le chien aux parties A-B-C-D-E de cette leçon ; en lui faisant sentir une trace de pas contraire et en le désapprouvant ensuite du mot « non » prononcé pas trop énergiquement, et en lui faisant sentir aussitôt une de la piste suivie en l'approuvant vivement et ce chaque fois que le chien change de piste sans avoir l'air de s'en apercevoir.

Il est également vivement à conseiller de ne pas commencer l'étude de cette leçon avant que le chien connaisse parfaitement la leçon 4, A et B du chapitre II, l'exploration, cette leçon apprenant au chien d'une façon bien nette à distinguer à l'aide de l'odorat une chose d'une autre, quoique semblable à la vue.

Leçon 16.

Le chien n'aboie pas devant les personnes que l'on place le long de la piste qu'il travaille.

Faites tracer une piste A-B-C quelconque (fig. 27), et par une personne étrangère au chien. Faites placer, en lui faisant faire un crochet comme l'indique la figure, une personne qui se tiendra parfaitement immobile, à trois ou quatre mètres de la piste A-B-C, soit X ou Z sur la figure.

Laissez travailler la piste A-B-C au chien, surveillez-le bien lorsqu'il arrive devant la personne placée intentionnellement sur sa route.

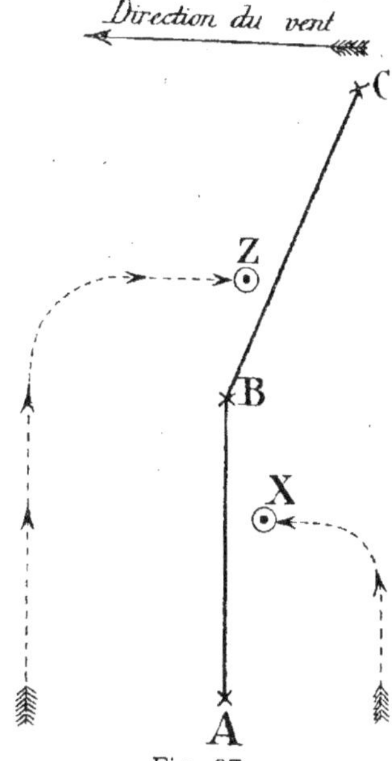

Fig. 27.

S'il s'arrête, la regarde, se dirige vers elle, la renifle, puis retourne à la piste qu'il continue à travailler, ou, s'il passe sans même y faire la moindre attention, tout est pour le mieux ; il ne vous reste plus qu'à l'approuver des mots « la, tu es brave ». S'arrête-t-il au contraire et se met-il à aboyer ? désapprouvez-le aussitôt d'un « non » énergique, suivi d'une secousse sur la laisse et commandez-lui aussitôt « Piste » et suivez-le jusqu'à la cachette de la personne ayant tracé la piste A-B-C.

Répétez jusqu'à ce que le chien n'aboie plus devant les personnes que nous plaçons le long de la piste qu'il travaille.

B.

Le chien n'aboie pas devant les personnes que l'on place le long de la piste qu'il travaille, même si ces personnes ont coupé et suivi la piste travaillée.

Dès que le chien connaît parfaitement l'exercice A de cette leçon, nous le lui rendrons plus difficile en faisant couper, ensuite couper et suivre la piste et s'arrêter à quelques pas de la piste, la personne devant tâcher d'induire le chien en erreur.

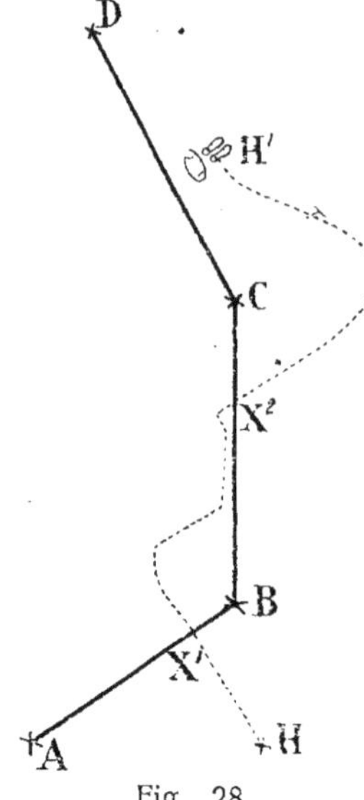

Fig. 28.

Le travail du chien reste le même qu'à l'exercice précédent.

La difficulté de cet exercice peut-être encore rendue plus grande en faisant en sorte, que la piste H H', (pointillé sur la figure 28) soit plus chaude que la piste A-B-C-D.

Répétez jusqu'à satisfaction.

Leçon 17.

Le chien apprend à pister sur mauvais sol : sables, routes, rues, etc.

Pour initier notre chien à ce nouvel exercice, nous suivrons encore la même sage progression dans les difficultés à surmonter.

A. — Sur le sable.

Commencez par faire répéter au chien la leçon 9 avec cette particularité que vous faites tracer dans le début une piste de 30 à 50 mètres pour augmenter progressivement la distance jusqu'à 300 mètres, en faisant tracer la piste sur du sable par l'aide et, en ayant soin de lui faire jalonner parfaitement la piste et de lui faire mettre aux talons les appareils décrits à la leçon 8 (page 62) et connus dans le commerce sous le nom de « éperons à glace » et cela afin que ses pas soient reconnaissables et, que vous puissiez remettre le chien sur la piste et lui apprendre à pister pas par pas en lui faisant sentir les traces et en les lui montrant du doigt.

Répétez jusqu'à ce que le chien travaille la piste parfaitement.

Dès que ce résultat est obtenu avec l'aide, répétez ce même exercice avec d'autres personnes.

Changez le plus souvent possible de personnes et répétez jusqu'à entière satisfaction.

Faites travailler la piste par le chien 5, 10. 15. . 50, 55 minutes et une heure après le départ de l'aide, ensuite des personnes étrangères traçant la piste.

B. — Sur les routes.

Dès que le chien exécute parfaitement l'exercice A sur le sable vous procéderez de la manière suivante :

Faites tracer par l'aide, en campagne, une piste d'environ 6 à 700 mètres. Laissez-lui commencer sur bon sol, puis suivre une route quelconque sur, une distance de 100, 125, 150, 200 jusqu'à 500 mètres en ayant soin de suivre toujours le côté gauche ou droit de la route et, de la traverser de temps à autre, pour changer de côté.

Les routes étant pour ainsi dire toujours bordées d'arbres il sera facile de faire un signe distinctif à la craie à l'arbre marquant l'endroit où il quitte un des côtés de la route et un autre à l'arbre marquant l'endroit où il prend l'autre côté après avoir traversé la route. Il aura également bien soin d'appuyer fortement sur ses éperons afin qu'ils laissent une légère trace sur le sol.

Faites travailler la piste par le chien 10, 15, 20, 25, 30, 35, 40 et 45 minutes après le départ de l'aide.

Le travail de la piste par le chien reste le même ; une fois sur la route, veillez à ce qu'il piste très exactement, faites le sans cesse revenir sur ses pas s'il vient à perdre la piste ou ne la suit plus très exactement ; efforcez-vous de retrouver les traces des pas faits par les éperons et montrez-les souvent au chien en lui commandant « piste, piste »

Répétez jusqu'à entière satisfaction.

Dès que l'exercice est exécuté à la perfection par le chien, faites tracer la piste par des personnes étrangères et répétez jusqu'à satisfaction.

C. — Sur rues.

N'initiez le chien à cet exercice que lorsqu'il piste parfaitement sur routes, où les traces des pas sont, grâce aux éperons encore suffisamment visibles pour pouvoir, le cas échéant, les lui faire sentir et le remettre ainsi sur la piste.

Procédez exactement comme à la leçon précédente avec la différence que l'aide quittera le bon sol pour continuer la piste dans les rues pavées d'un village et se cachera dans une encoignure de porte, ou dans un endroit quelconque.

Le chien sachant pister à la perfection sur routes et sur pistes, froides de 45 minutes, exécutera parfaitement ce nouvel exercice si vous lui faites travailler la piste en rue 5 ou 10 minutes après le départ de l'aide.

Répétez cet exercice en augmentant très prudemment la longueur de la piste tracée jusqu'à 5 ou 600 mètres et commencez alors lentement par laisser refroidir la piste de plus en plus longtemps jusqu'à ce que le chien soit capable de suivre dans la rue une piste tracée par l'aide et froide de 40 minutes.

Dès que le chien est à ce point, répétez le même exercice en faisant cette fois tracer la piste par des personnes qui lui sont étrangères et en suivant la même progression.

Remarque importante : Ayez soin pour tous les exercices de cette leçon, soit A-B-C, de toujours faire prendre au chien l'odeur de la piste à suivre, soit à un objet laissé au commencement de la piste par la personne chargée de la tracer, soit à des traces bien visibles de ses pas.

Leçon 18.

A.

Le chien, après avoir pris l'odeur d'une piste à un objet, apprend à la rechercher parmi plusieurs autres pistes et à la travailler jusqu'à l'homme.

Faites partir deux personnes étrangères au chien, une de H (figure 28) l'autre de C ; faites-les se diriger l'une vers l'autre jusqu'à ce qu'elles soient à une distance d'environ 2 à 3 mètres l'une de l'autre.

L'une d'elles (H sur la figure) enfonce un jalon en A, l'autre (C sur la figure) lance devant elle (Z sur la figure) un objet lui appartenant et qu'elle porte journellement.

Ces deux personnes font alors route ensemble une dizaine de mètres, puis se séparent en allant l'une à droite, l'autre à gauche, comme l'indique la figure 28, et continuent à tracer une piste d'environ 3 à 400 mètres.

Les deux hommes étant cachés et les pistes refroidies d'une demi-heure, amenez le chien en Z, faites lui prendre odeur à l'objet lancé par la personne C, puis commandez-lui « Piste » et laissez-lui chercher la piste exacte.

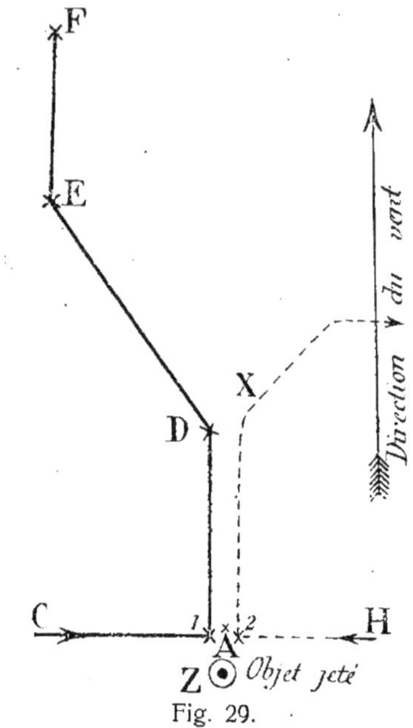

Fig. 29.

Surveillez bien le chien, s'il prend la mauvaise piste, désapprouvez-le immédiatement d'un « non » énergique, faites-lui faire un crochet pour le ramener en arrière, remettez-le bien en confiance, ensuite faites-lui ressentir l'objet abandonné, puis rechercher la piste ; dès qu'il se met à travailler la piste exacte, approuvez-le du commandement « la, la tu es brave » et suivez-le jusqu'à l'homme.

Répétez jusqu'à entière satisfaction.

Vous pouvez alors rendre l'exercice plus difficile en vous arrangeant de manière que la piste tracée par la personne ayant lancé l'objet soit plus froide que celle de l'autre personne.

B.

Le chien prend odeur aux traces de pas et est préparé pour un travail réel.

Simulez un crime de la manière suivante :

Faites approcher deux personnes, l'une de l'autre comme à l'exercice A précédent, faites-les s'empoigner et simuler une lutte corps à corps sur le sol, ensuite l'une des deux personnes se relève et s'éloigne en appuyant bien sur ses pas (*), fuit à travers champs, perd en route sa casquette ou tout autre objet, puis se couche dans un endroit quelconque (une meule de foin par exemple) et simule de dormir.

Fig. 30.

Faites ensuite approcher plusieurs personnes de celle restée couchée sur le sol, simulant la personne assassinée, faites-les ensuite marcher autour d'elle à droite et à gauche et rechercher les traces qu'elles auront soin de laisser intactes, ensuite arrivez avec votre chien.

Parlez avec ces personnes, attendez quelques minutes afin que le chien après quelques répétitions se

____

(*) Vous aurez soin de faire cet exercice sur un sol où les traces de pas restent bien visibles.

rappelle toute cette mise en scène et sache qu'il va s'agir pour lui de retrouver une personne, faites-vous indiquer les traces de pas découvertes, faites-lui prendre odeur à celles-ci (comme le montre la fig. 30), et, commandez-lui « piste ».

Laissez-le chercher la piste et, dès qu'il l'a découverte, suivez-le jusqu'à la cachette du pseudo-assassin.

Veillez à ce que le chien retrouve l'objet perdu et qu'il aboie parfaitement devant la personne découverte.

Répétez le plus souvent possible cette leçon en la variant à votre guise.

C.

Le chien prend odeur dans une chambre où s'est trouvée la personne qu'il s'agit de retrouver, recherche au dehors sa piste et la suit jusqu'à sa découverte.

Ce cas qui se présente souvent dans la réalité doit être appliqué au chien jusqu'à ce qu'il exécute l'exercice à la perfection.

Rendez-vous à la campagne, dans un petit village, faites sortir par exemple, par la fenêtre du rez-de-chaussée une personne, étrangère au chien, ayant séjourné plusieurs heures dans une chambre, le mieux au début, serait de lui faire prendre odeur dans la chambre à coucher de cette personne et de bon matin.

Commandez au chien « sens, sens », laissez-le séjourner quelques minutes dans la chambre, puis tenu à la laisse de pistage, faites le tour de la maison en lui commandant « cherche la piste ».

Arrivé à la fenêtre par laquelle la personne est sortie, surveillez bien le chien, s'il prend la piste de lui-même et la travaille, approuvez-le et suivez-le, si au contraire il semble ne pas la trouver, arrêtez-vous, excitez-le du commandement « cherche la piste » afin que le chien apporte une grande attention à chercher, au besoin montrez-lui la piste du doigt et, dès qu'il la prend, suivez-le jusqu'à l'homme.

Répétez cet exercice le plus souvent possible en le variant à votre guise.

Faites travailler la piste au chien 5, 10, 15 m... jusqu'à une heure et plus, après le départ de la personne.

Leçon 19.

Le chien suit la piste du malfaiteur jusque dans sa demeure.

Il arrivera souvent dans la réalité que le chien en travaillant la piste du malfaiteur, vous conduira jusqu'à l'habitation de la personne dont nous suivons la piste ; il s'agit donc d'apprendre au chien les différents cas qui peuvent se produire.

A.

Le chien entre dans le vestibule de la maison et aboie devant la personne ayant tracé la piste, cachée au fond de ce vestibule.

Répétez la leçon 17, exercice C, avec la différence que la personne ayant tracé la piste la poursuivra jusqu'au fond du vestibule d'une maison quelconque et y restera blottie jusqu'à l'arrivée du chien.

Faites travailler la piste 5, 10, 15 jusqu'à 20 minutes après le départ de la personne.

Surveillez bien le chien au moment où il arrive devant la maison connue par vous, où se cache la personne dont vous suivez la piste ; s'il passe la maison sans y entrer, suivez-le quelques pas sur cette fausse route afin de voir s'il ne s'aperçoit pas de son erreur en revenant sur ses pas.

Après quelques mètres, désapprouvez-le d'un « non », faites-lui faire un crochet et travailler lentement la piste 5 ou 6 mètres avant la maison où se cache la personne.

S'il fait encore mine de la passer sans entrer, arrêtez-le en disant « Piste-piste » et dès qu'il pénètre dans la maison, approuvez-le des mots habituels.

Répétez quelques jours jusqu'à ce que le chien entre presque directement dans la maison où se cache l'aide.

Il est bien entendu que l'on changera de maison le plus souvent possible.

Une répétition par leçon.

B.

Le chien apprend à aboyer devant la porte fermée de la maison où se cache la personne ayant tracé la piste.

Nous augmenterons progressivement la difficulté en procédant de la manière suivante :

La personne ayant tracé la piste ne se contentera plus d'attendre le chien dans le corridor ; elle entrera dans une des chambres, refermera la porte et se tiendra à un ou deux mètres de distance de celle-ci.

Faites travailler la piste au chien et une fois dans le vestibule, commandez-lui « cherche » en lui montrant le dessous de la porte, pour l'engager à renifler à cet endroit.

Dès que la personne entendra le commandement « cherche » elle s'approchera tout à fait de la porte afin que le chien puisse aisément la sentir ; si le chien n'aboie pas de lui-même, cette personne frappera à la porte de plus en plus fort et par intervalles, s'il n'aboie pas encore, commandez « aboie » (fig. 31).

Dès le premier aboiement du chien, approuvez-le des mots habituels « La, tu es brave »; laissez-le aboyer quelques instants, ouvrez alors la porte, veillez à ce que le chien aboie devant la personne et approuvez-le alors vivement sans oublier de lui donner une friandise.

Une répétition par leçon.

Fig. 31.

Répétez jusqu'à ce que le chien aboie immédiatement devant la porte de la chambre où la personne s'est cachée.

Changez le plus souvent possible et de personne et de maison.

C.

Maintenant que le chien a appris à aboyer pour se faire ouvrir une porte, la personne traçant la piste entrera dans une habitation, en fermera la porte d'entrée, entrera dans une chambre dont elle fermera également la porte.

Faites travailler cette piste au chien en vous aidant des explications données dans les deux exercices précédents.

Répétez jusqu'à satisfaction.

Une piste par leçon.

CONSEILS ET CONCLUSION

Il vous restera maintenant à entretenir et à perfectionner les qualités de pisteur et d'explorateur de votre élève en vous efforçant de simuler, environ une fois par semaine, des méfaits de tous genres, en les rendant les plus naturels possibles, en vous aidant des explications données dans les quelques dernières leçons du chapitre sur le pistage ainsi que dans celles des deux chapitres sur l'exploration, et de faire travailler le chien comme si le fait était réel.

Faites aussi souvent que possible ce genre de travail en dehors de votre localité, de manière à ce que le chien soit obligé de voyager pour s'y rendre; ayez soin alors de toujours prendre le chien avec vous; faites-le de préférence voyager à jeun comme bagage dans un panier pour chiens garni de bonne paille et possédant une écuelle fixe dans laquelle vous aurez soin de mettre de l'eau fraîche, tout ceci dans le but d'habituer l'animal à tous les déplacements qui peuvent être nécessaires dans les cas réels où le chien doit travailler.

Ne vous étonnez pas et surtout, ne vous emportez pas si parfois votre chien, soit durant son dressage ou lorsqu'il est entièrement dressé, échoue dans un travail de piste quelconque; n'oubliez pas que malgré sa meilleure volonté et malgré le meilleur dressage, il arrive qu'une indisposition générale ou locale, une grande fatigue, la trop grande chaleur, sont toutes causes qui peuvent influencer son odorat au point de le rendre tout à fait impropre à tout travail précis.

Un bon principe pour éviter ces mécomptes, est de ne jamais laisser pister un chien n'ayant pas le nez parfaitement froid et humide. C'est presque toujours un indice d'indisposition du chien et dans tous les cas une condition défavorable pour la finesse de l'odorat.

C'est pourquoi si, parti dans de bonnes conditions, le chien arrive sur les lieux du travail avec le nez sec, il est de toute nécessité de lui donner un peu d'eau fraîche mais pas trop froide à boire, de manière que le nez perde du moins momentanément cette sécheresse si nuisible à la finesse de l'odorat.

Evitez également pour le même motif, sécheresse du nez, de le faire travailler lorsque la chaleur est trop intense et aux heures les plus chaudes de la journée, et si une indisposition quelconque vous force à garder le chien au chenil, avec le nez entièrement sec, et surtout si le chien a la moindre fièvre (39 degrés C.) ayez soin de lui enduire continuellement le nez avec de la lanoline grasse de toute première qualité, afin de combattre dans la mesure du possible cette sécheresse et d'éviter les crevasses qui ont toujours pour la suite une fâcheuse influence sur l'odorat.

Je crois avoir traité aussi minutieusement et aussi scrupuleusement que possible cette difficile et délicate question du dressage des chiens au pistage et j'ose espérer que cette petite brochure rencontrera un favorable accueil.

Je serai heureux d'y avoir consacré mes études et mes soins si elle réussit à aider les nombreux amateurs au dressage de leurs chiens et à former un lot appréciable de sujets susceptibles d'un travail pratique.

TABLE DES MATIÈRES

CHAPITRE PREMIER

Questions et réponses.

CHAPITRE II.

L'Exploration.

1re Partie. — Recherche d'objets.